# LED显示屏校正技术

组　编　西安诺瓦星云科技股份有限公司
主　编　何国经　姜安国　罗　鹏
副主编　尤　波　宗靖国　杨　城
参　编　李康瑞　郦世奇　张友志　蓝志科
　　　　李翔宇　王　栋　叶　宁

电子工业出版社
Publishing House of Electronics Industry
北京·BEIJING

## 内 容 简 介

本书是根据教育部"1+X"证书制度标准，由《LED 显示屏应用职业技能等级证书》培训评价组织——西安诺瓦星云科技股份有限公司基于积累多年的行业技术认证培训经验和材料组织编撰的配套系列教材。

本书由众多资深工程师汇集全球经典校正案例汇编而成，详细介绍了校正基础、全屏校正方案、箱体校正方案、校正小工具、常见故障排除等内容。本书适合职业院校师生、LED 显示屏行业从业人员学习使用，可以作为相关专业教材或教学参考书。

未经许可，不得以任何方式复制或抄袭本书之部分或全部内容。
版权所有，侵权必究。

**图书在版编目（CIP）数据**

LED 显示屏校正技术 / 何国经，姜安国，罗鹏主编. —北京：电子工业出版社，2022.1

ISBN 978-7-121-42774-9

Ⅰ. ①L… Ⅱ. ①何… ②姜… ③罗… Ⅲ. ①LED 显示器－色彩校正－职业教育－教材 Ⅳ. ①TN141

中国版本图书馆 CIP 数据核字（2022）第 014797 号

责任编辑：张　凌　　　　　　特约编辑：田学清
印　　　刷：天津画中画印刷有限公司
装　　　订：天津画中画印刷有限公司
出版发行：电子工业出版社
　　　　　北京市海淀区万寿路 173 信箱　　邮编：100036
开　　本：880×1230　1/16　　印张：10　　字数：184.8 千字
版　　次：2022 年 1 月第 1 版
印　　次：2022 年 3 月第 2 次印刷
定　　价：68.00 元

凡所购买电子工业出版社图书有缺损问题，请向购买书店调换。若书店售缺，请与本社发行部联系，联系及邮购电话：（010）88254888，88258888。

质量投诉请发邮件至 zlts@phei.com.cn，盗版侵权举报请发邮件至 dbqq@phei.com.cn。

本书咨询联系方式：（010）88254549，zhangpd@phei.com.cn。

# 前言

近年来 LED 显示屏已逐渐成为最具发展前景的显示介质之一。随着成本的降低、点间距的缩小、可靠性的提高及层出不穷的新工艺新技术，LED 显示屏市场将迎来更加蓬勃的发展。西安诺瓦星云科技股份有限公司作为优秀的 LED 显示屏解决方案供应商，拥有卓越的控制系统、先进的逐点校正系统、远程发布云平台、先进的视频处理设备及完备的行业应用软件，为行业发展做出了重要贡献。

由于国内缺少专业的 LED 显示屏应用型技术人才，制约了 LED 显示屏行业的发展。为积极响应《国家职业教育改革实施方案》，促进人才培养供给侧和产业需求侧结构要素全方位融合，完善职业教育和培训体系，着力培养高素质劳动者和技术技能人才，便于行业技能要求融入院校学历教育，西安诺瓦星云科技股份有限公司作为"1+X"证书制度试点第四批职业教育培训评价组织，联合企业工程师和职业院校一线教师根据教育部"1+X"证书制度标准编写了《LED 显示屏应用职业技能等级证书》配套教材《LED 显示屏应用（初级）》《LED 显示屏应用（中级）》《LED 显示屏应用（高级）》和 LED 显示屏应用技术丛书《LED 显示屏校正技术》《LED 显示屏行业基础及控制系统》《视频处理技术及应用》《LED 显示屏应用方案及故障处理》。本书作为 LED 显示屏应用技术丛书，以《LED 显示屏应用职业技能等级标准》中的职业素养和岗位技术技能为重点培养目标，以专业技能为模块，以工作任务为驱动组织编写，使读者对 LED 显示屏应用技术体系有更系统、更清晰的认识。

本书由多名具有丰富实践经验的工程师联合撰写。针对不同应用场景，系统地介绍了多种 LED 显示屏校正解决方案，立足于企业岗位群对知识和技能的需求，注重职业素养与职业技能的培养，通过项目形式教学，理论结合实际案例，指导在校学生、一线技术人员系统地学习 LED 显示屏校正技术。本书包含 5 个独立的章节：校正基础、全屏校正方案、箱体校正方案、校正小工具、常见故障排除。

第 1 章：校正基础，介绍了行业内一些常用的术语、LED 显示屏校正的基本原理、实现方式、校正技术解决的实际问题，使读者从原理上了解校正技术的重要性。

第 2 章：全屏校正方案，详细讲解了全屏校正的行业背景、软/硬件设备、操作步骤、使用技巧和典型案例分析等。同时，讲解了一些特殊 LED 显示屏的校正方案，如 COB 校正方案、高精度二次校正方案、超大屏校正方案，使读者可以更加全面地了解全屏校正技术。

第 3 章：箱体校正方案，主要讲解针对箱体的校正原理、软/硬件设备、操作步骤、使用技巧。该方案适合租赁项目技术员、屏幕厂家技术员等岗位群。

第 4 章：校正小工具，介绍了一些校正项目中经常使用的软件小工具和软件功能、校正数据库的应用等，能极大地提高校正的效率、扩展应用场景。通过该章的学习，读者可以更加灵活地选择校正项目的解决方案。

第 5 章：常见故障排除，介绍了各类校正项目中常见问题及其解决思路。

本书还配有资深工程师在实际工作现场精心录制的配套教学视频，视频资源紧密贴合教材内容，有助于读者对知识的理解运用，提高学习效率。通过本书的学习，读者能够独立完成 LED 显示屏的校正工作，能够设计并实施复杂 LED 显示屏的校正方案，能够排除校正中常见的故障，能够完成校正数据库的常见应用。

参与本书编写工作的有何国经、姜安国、罗鹏、尤波、宗靖国、杨城、李康瑞、郦世奇、张友志、蓝志科、李翔宇、王栋、叶宁。由于编者水平和时间有限，书中难免存在不足之处，敬请广大读者批评指正。

# 目 录

## 第 1 章 校正基础 ... 1
### 1.1 LED 显示的基础知识和概念 ... 2
### 1.2 LED 显示屏亮色度不均一的产生原因 ... 3
### 1.3 校正技术 ... 7
### 1.4 LED 显示屏校正技术的原理简介 ... 9
### 1.5 校正相关术语 ... 11
### 1.6 校正案例 ... 14
#### 1.6.1 COB 4K 大屏校正案例 ... 14
#### 1.6.2 ISE 展会 T 卡异步校正案例 ... 15
#### 1.6.3 超大屏级联校正案例 ... 17

## 第 2 章 全屏校正方案 ... 18
### 2.1 全屏校正简介 ... 19
### 2.2 全屏校正技术 ... 19
#### 2.2.1 全屏校正技术的特点及使用范围 ... 20
#### 2.2.2 全屏校正系统的软/硬件设备 ... 20
#### 2.2.3 全屏校正系统架构 ... 21
#### 2.2.4 全屏校正操作步骤 ... 22
#### 2.2.5 异形屏校正操作步骤 ... 34
#### 2.2.6 操作技巧及规避方法 ... 36
#### 2.2.7 典型案例分析 ... 39
### 2.3 COB 校正方案 ... 43
#### 2.3.1 COB 工艺简介 ... 43
#### 2.3.2 COB 屏幕特点及校正难点 ... 44
#### 2.3.3 COB 校正方案简介 ... 45
#### 2.3.4 COB 校正操作步骤 ... 48

## LED 显示屏校正技术

  2.3.5 注意事项 ............................................. 53
  2.3.6 典型案例分析 ......................................... 54
 2.4 高精度二次校正方案 ........................................... 57
  2.4.1 高精度二次校正方案简介 ............................... 57
  2.4.2 高精度二次校正操作步骤 ............................... 57
 2.5 超大屏校正方案 ............................................... 60
  2.5.1 超大屏校正方案简介 ................................... 60
  2.5.2 视频分配器校正方案 ................................... 60
  2.5.3 控制器打屏校正方案 ................................... 68
  2.5.4 分屏数据融合校正方案 ................................. 69

## 第 3 章 箱体校正方案 ............................................ 73
 3.1 常规箱体校正 ................................................. 74
  3.1.1 箱体校正技术的产生背景 ............................... 74
  3.1.2 常规箱体校正系统架构 ................................. 74
  3.1.3 箱体校正适用范围 ..................................... 76
  3.1.4 箱体校正准备 ......................................... 76
 3.2 常规箱体的校正介绍 ........................................... 79
  3.2.1 软件参数设置 ......................................... 79
  3.2.2 测量仪器配置 ......................................... 85
  3.2.3 校正目标设置 ......................................... 87
  3.2.4 校正流程 ............................................. 89
 3.3 多批次箱体校正方案 ........................................... 90
  3.3.1 多批次箱体校正背景 ................................... 90
  3.3.2 多批次箱体校正操作步骤 ............................... 92
  3.3.3 模组间多批次箱体的校正 ............................... 97
  3.3.4 手动多批次调节 ....................................... 99
 3.4 产线校正方案 ................................................ 103
  3.4.1 产线校正方案简介 .................................... 103
  3.4.2 产线校正的环境要求和整体框架 ........................ 104
  3.4.3 典型案例分析 ........................................ 106

## 第 4 章 校正小工具 ............................................. 108
 4.1 亮点修正 .................................................... 109
  4.1.1 校正取景时规避亮点 .................................. 109

|   |   | 4.1.2 | 使用亮点修正工具修正 ........................................................... | 109 |
|---|---|---|---|---|
|   |   | 4.1.3 | 使用备用模组校正修正 ........................................................... | 112 |
|   | 4.2 | 亮暗线调节 ............................................................................................... | | 116 |
|   | 4.3 | 备用模组系数管理 ................................................................................... | | 119 |
|   | 4.4 | 灯板 Flash ............................................................................................... | | 123 |
|   | 4.5 | 校正系数的分割与融合 ........................................................................... | | 126 |
|   |   | 4.5.1 | 全屏数据库融合 ....................................................................... | 126 |
|   |   | 4.5.2 | 全屏转箱体 ............................................................................... | 129 |

# 第 5 章　常见故障排除 .................................................................................... 135

|   | 5.1 | 全屏校正故障排除 ................................................................................... | | 136 |
|---|---|---|---|---|
|   |   | 5.1.1 | 数据分析不通过 ....................................................................... | 136 |
|   |   | 5.1.2 | 报错"死灯率过高" ................................................................. | 136 |
|   |   | 5.1.3 | 校正后出现水波纹 ................................................................... | 136 |
|   |   | 5.1.4 | 校正后花屏 ............................................................................... | 137 |
|   |   | 5.1.5 | 联机提示"连接控制系统异常" ............................................. | 138 |
|   |   | 5.1.6 | 超大屏校正时打屏不同步 ....................................................... | 138 |
|   |   | 5.1.7 | 组合屏校正时出现隔点图像不正确 ....................................... | 139 |
|   |   | 5.1.8 | 相机采集图片为黑色 ............................................................... | 139 |
|   |   | 5.1.9 | 校正软件卡顿或控制软件出现命令发送失效 ....................... | 140 |
|   |   | 5.1.10 | 校正时 LED 显示屏进入锁屏状态 ......................................... | 140 |
|   |   | 5.1.11 | 多发送卡校正后发送卡间效果差异大 ................................... | 140 |
|   | 5.2 | 箱体校正故障排除 ................................................................................... | | 141 |
|   |   | 5.2.1 | 校正软件提示"点定位错误" ................................................. | 141 |
|   |   | 5.2.2 | 校正软件提示"图像数据颜色错误" ..................................... | 141 |
|   |   | 5.2.3 | 校正软件提示"相机未连接" ................................................. | 141 |
|   |   | 5.2.4 | 校正软件提示"异常错误" ..................................................... | 142 |
|   |   | 5.2.5 | 校正软件提示"箱体摆歪" ..................................................... | 142 |
|   |   | 5.2.6 | 箱体校正后拼成整屏，均匀性较差 ....................................... | 142 |
|   | 5.3 | 网络通信故障 ........................................................................................... | | 142 |
|   |   | 5.3.1 | NovaLCT 连接失败 ................................................................. | 142 |
|   |   | 5.3.2 | NovaLCT 与硬件操作失败 ..................................................... | 143 |
|   | 5.4 | 相机故障 ................................................................................................... | | 144 |
|   |   | 5.4.1 | 校正过程中提示图像分析亮度错误 ....................................... | 144 |

## 5.4.2 连接失败 .................................................................................................. 144
## 5.4.3 智能识别 LED 显示屏失败 ................................................................... 145
## 5.4.4 相机参数分析后饱和度正常，但成像大小异常 ............................... 146

## 5.5 系数上传相关问题 .................................................................................... 146
### 5.5.1 校正后 LED 显示屏花屏，校正系数上传失败 ................................ 146
### 5.5.2 系数上传失败 ............................................................................................ 148

## 5.6 其他 ................................................................................................................ 149
### 5.6.1 校正软件提示内存错误 ........................................................................ 149
### 5.6.2 校正软件提示无授权文件 .................................................................... 149

# 第1章

## 校正基础

## 1.1 LED显示的基础知识和概念

### 1. LED

LED（Light Emitting Diodes），即发光二极管，是一种常用的发光器件，其内部主要为一个PN结，当PN结内的电子与空穴复合时，电子由高能级跃迁到低能级，电子将多余的能量以发射光子（电磁波）的形式释放出来，产生电致发光现象。LED的发光颜色与构成其基地的材质元素有关，按LED的发光颜色可将其分为红光LED、橙光LED、绿光（又细分为黄绿、标准绿和纯绿）LED、蓝光LED和白光LED。作为特殊用途的LED，有的含有两种或三种颜色的芯片，可以按照时序分别发出两种或三种颜色的光。

### 2. LED显示屏

LED显示屏是指通过半导体LED显示文字、图像、视频等信号的屏幕设备。LED显示屏以单个半导体LED为像素点，不同材料的半导体LED可产生不同色彩的LED像素点。

LED显示屏的组成部件主要有LED单元板、电源、控制卡和连接线。LED单元板是LED显示屏的核心部件之一，主要用于发光显示，由LED芯片、驱动电路、PCB线路板及塑胶套件构成。电源主要用于将输入电压电流转为显示屏需要的电压电流，通常为开关模式电源。控制卡主要用于实时转换、处理、传输视频、图文、通知等信号，具有多灰度颜色调控能力。连接线可分为数据线、传输线及电源线。其中，数据线用于连接控制卡和LED单元板，传输线用于连接控制卡和计算机，电源线用于连接电源、控制卡和LED单元板。

### 3. 亮度

在2014年公布的第二版《建筑学名词》中规定，LED显示屏的亮度是指在显示屏法线方向观测的任一表面单位投射面积上的发光强度。亮度的单位是$cd/m^2$。室内全彩屏的亮度范围为300~2000$cd/m^2$，室外全彩屏的亮度在4000$cd/m^2$以上，才能保证LED显示屏正常工作，否则会因为亮度太低而看不清显示的图像。在同等点密度下，LED显示屏的亮度取决于采用的LED晶片的材质、封装形式和尺寸大小，LED晶片越大，亮度越高；反之，亮度越低。

### 4. 色度

色度是指色彩的纯度，也称为饱和度或彩色，是"色彩三属性"之一。测量色度的方法有很多种，主要可以分为人眼观测和仪器测量两大类。颜色是人们对物体表面色彩的一个主观的评价，不同的观察者即使在相同条件下进行色度测量，结果可能都会存在区别，色度涉及观察者的视觉生理、视觉心理、照明条件和观察条件等多种因素。因此，色度学的定标需要建立在一定的标准之上。为此，国家照明委员会（CIE）在1931年规定了一套标准色度系统，称为CIE标准色度系统。各种色差仪、分色测光仪都是按照CIE标准色度系统对物体表面颜色进行色度测量的。

### 5. 色彩还原性

色彩还原性是再现物体的固有色彩，LED显示屏的色彩还原度是指LED显示屏上的图像与原图像或原景物之间色重现的吻合程度。LED显示屏的视觉原理与彩色电视机一样，是通过红、绿、蓝三种颜色的不同光强实现图像色彩的还原再现，因此红、绿、蓝的纯正度直接影响图像色彩再现的视觉效果。

### 6. 校正

校正技术是指将原本颜色不均一的LED显示屏先通过相机采集每个像素点的亮色度信息，然后通过算法的处理，将所有像素颜色调整为尽可能一致，最终达到整个显示屏亮色度均一的技术。

LED显示屏的校正流程，一般分为以下几步。

（1）相机选型参数配置。

（2）RGB图像采集。

（3）图像处理LED点定位。

（4）数据分析生成校正系数。

（5）上传系数控制LED显示屏。

## 1.2 LED显示屏亮色度不均一的产生原因

校正技术主要解决的是屏幕亮色度不均一的问题，而这类问题产生的主要原因和最终表现形式一般有以下三种。

对于 LED 显示屏来说，其在生产制造环节中和灯珠三极管本身都会不可避免地存在不一致性，并最终造成整屏在视觉上的色彩不均匀。这种不均匀我们通常称为花屏，LED 显示屏花屏现象如图 1-2-1 所示。

图 1-2-1　LED 显示屏花屏现象

由于灯板或箱体是多批次混用的，或由于灯珠老化程度不同，造成以模组或箱体为单位的亮色度明显差异，我们称为马赛克现象，LED 显示屏马赛克现象如图 1-2-2 所示。

图 1-2-2　LED 显示屏马赛克现象

由于生产工艺造成的不同模组或箱体间装配间隙不同，LED 显示屏会产生亮暗线。装配间隙小于灯珠间隙会产生亮线；反之，装配间隙大于灯珠间隙会产生暗线，LED 显示屏亮暗线现象如图 1-2-3 所示。

无论哪种亮色度不均一的表现形式，其根本原因分为两种，一种是先天原因，另一种是后天原因。

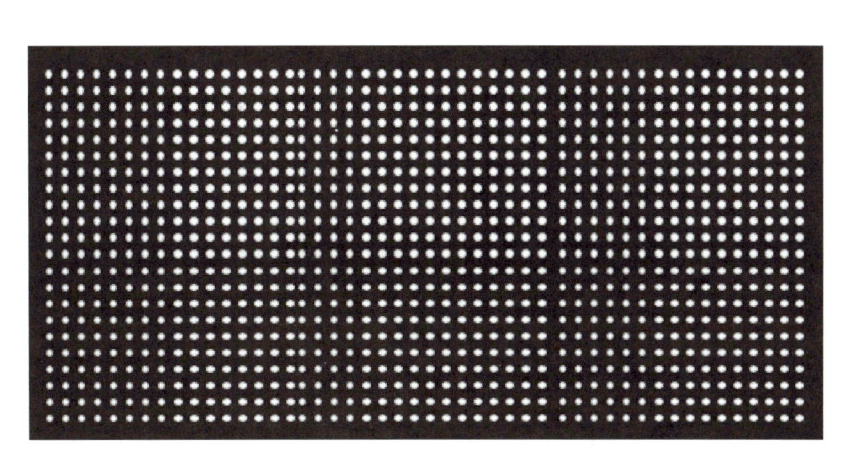

图 1-2-3 LED 显示屏亮暗线现象

## 1. 先天原因

亮色度不均一主要是由 LED 灯珠本身的亮色度存在差异和恒流驱动芯片电流存在差异而导致的，这是先天原因。

（1）LED 灯珠本身的亮色度存在差异。LED 灯珠本身的亮色度差异如图 1-2-4 所示，图中为同一批次 LED 灯珠放大后的情况，我们可以看出，即便是同一种颜色，但在实际显示时，其亮度和色度还是有很大差异的。红色、绿色和蓝色灯珠都存在相同的问题，而由红、绿、蓝三色组成的白色差异就更加明显了。在现行 LED 灯珠制造工艺工业分级的规范标准下，同一批次的 LED 灯珠允许的最大亮度差异为 20%～40%，允许的最大波长差异为 5～10nm。但由于人眼对光线的亮色变化敏感度较高，通常 LED 灯珠的亮度差异只要超过 2%，波长差异超过 2nm，人眼就能分辨出来了。所以即便使用同一批次的 LED 灯珠，制作出来的 LED 显示屏在亮色度上也很可能存在肉眼可见的差异。

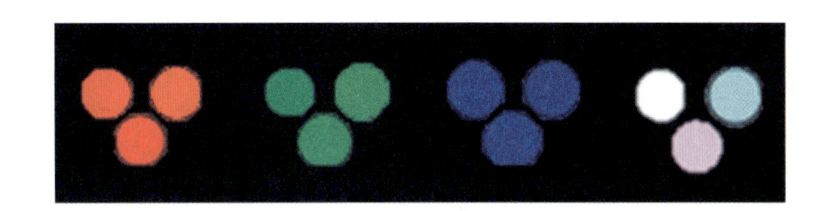

图 1-2-4 LED 灯珠本身的亮色度差异

（2）恒流驱动芯片电流存在差异。LED 显示屏的灯珠都是由恒流驱动芯片驱动的，典型的恒流驱动芯片有 16 个通道。图 1-2-5 所示为某型号恒流驱动芯片规格及参数，从图中我们看出，芯片与芯片间的电流误差最大可达±3%，即使是一块芯片内通道与通道间的电流误差都有可能达±2.5%。

## LED 显示屏校正技术

- 16 个恒流输出通道
- 恒流输出范围值:
  5V 操作电压: 1~20mA
  3.3V 操作电压: 1~10mA
- 极为精确的电流输出值:
  通道间最大差异值: <±2.5%
  芯片间最大差异值: <±3%
- 内建16K位SRAM内存支持1~32扫分时多任务扫描
- 14/13位PWM灰阶控制提升视觉更新率
- 6位电流增益调整, 12.5%~200%

Shrink SOP
GP: SSOP24L-150-0.64

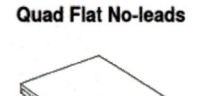

Quad Flat No-leads
GFN: QFN24L-4x4-0.5

图 1-2-5 某型号恒流驱动芯片规格及参数

某型号 LED 灯珠电流与波长的关系如图 1-2-6 所示，这是在同一批次灯珠中，红、绿、蓝色各取 3 颗灯珠，所测得的波长与电流的关系图。横轴是电流，纵轴是波长，即使不考虑 IC 输出通道电流之间的差异，在电流大小相同的情况下，灯珠的波长也是不一样的。所以，在这两个先天原因的双重影响下，LED 显示屏就很容易出现花屏现象。

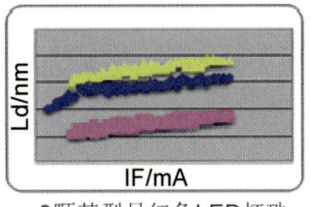

3颗某型号红色LED灯珠电流与波长的关系

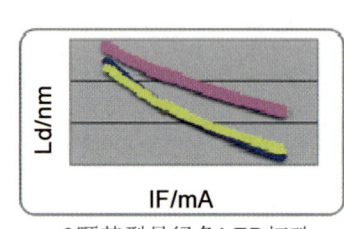

3颗某型号绿色LED灯珠电流与波长的关系

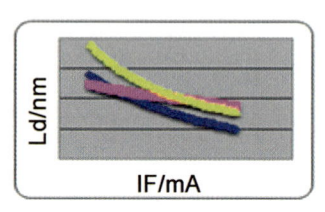

3颗某型号蓝色LED灯珠电流与波长的关系

图 1-2-6 某型号 LED 灯珠电流与波长的关系

### 2. 后天原因

对于 LED 显示屏来说，导致亮色度不均一的后天影响因素也有很多。LED 显示屏的生产制造、工程使用等各个环节都会对屏幕亮色度的均一性产生不同的影响，其中影响较大的有以下几个因素。

（1）装配工艺。目前 LED 显示屏所用灯珠的装配方式多为直插式和表贴式。灯珠安装法线与 LED 显示屏法线如图 1-2-7 所示，在装配的过程中，很难保证每个灯珠的安装法线与 LED 显示屏法线完全一致，由此造成的光线不均匀是产生花屏的重要因素之一。同时，亮暗线也是装配工艺不佳的结果。

（2）老化程度。由于受播放环境或播放内容的影响，LED 显示屏某些区域的灯珠的老化程度会明显区别于其他区域，这种现象一般称为老化程度不同。即便是同一批次灯珠，由于其长期显示不同的颜色，也会造成灯珠各区域的老化程度不同，并最终产生亮色度不均一的现象，灯珠老化程度如图 1-2-8 所示。

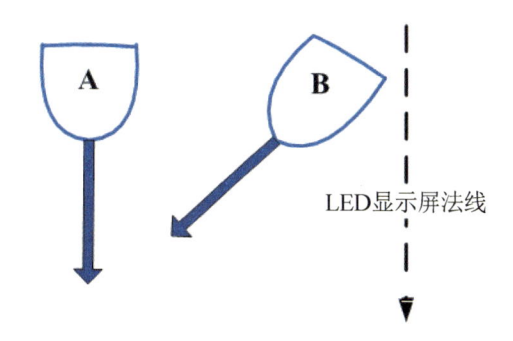

图 1-2-7　灯珠安装法线与 LED 显示屏法线

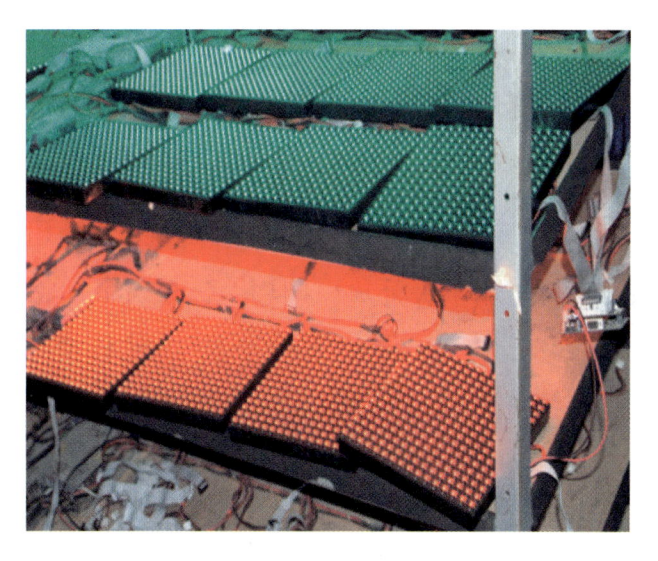

图 1-2-8　灯珠老化程度

（3）内部散热不均匀。电路板和箱体设计结构的不同，不仅会造成灯板散热不均匀，还会间接导致灯珠老化程度不同，并最终造成整屏的亮色度不均一。

除以上因素外，还有很多因素也会对 LED 显示屏亮色度的均一性产生影响，如面罩墨色不一致、底壳或电路板变形、LED 灯珠表面有异物遮挡等。综上所述，LED 显示屏亮色度不均一并不是单一因素造成的，而是先天、后天多种因素共同作用的结果。

## 1.3　校正技术

### 1. LED 显示屏的发展趋势

近年来，越来越多的 LED 显示屏悄然出现在人们的日常生活中，这种新兴的显示技术在给人们带来更好的视觉体验的同时，也给整个行业带来许多新的变化，主要趋势有以下几个方面。

（1）屏幕超大化。LED显示屏的兴起为广告业的超大化屏幕展示提供了基础。当前在一些大型广告商圈，为了吸引更多的广告业主和受众的关注，屏幕超大化已然成为发展趋势。人们在观看LED显示屏时，分辨率越大，人眼对显示效果就越敏感。如果存在亮色度衰减或批次差异等问题，就会轻易被发现，并影响整体的显示效果。这种情况下，校正技术对提高LED显示屏显示效果、发挥LED显示屏价值起着非常关键的作用。

（2）间距微缩化。人们总是在追求更好的观赏效果，所以对LED显示屏的画面清晰度、逼真性要求越来越高，对色彩还原真实性的诉求也越来越高。

室内小间距LED显示屏相对DIP的竞争力在于LED显示屏能够做到无缝拼接，并实现显示图像的高饱和度和色彩的层次感。从小间距LED向MiniLED过渡的过程中，如何保持LED显示屏亮色度的均一性是整个行业最大的难题。其中COB或四合一不能再像SMD一样进行二次分选，在这种情况下，校正技术对显示效果的处理就显得至关重要。

（3）屏幕智能化。人屏互动是LED显示屏智能化发展的最终趋势，这是因为智能化的LED显示屏能增强用户亲密感和操作体验感。未来的LED显示屏将不再是一个冷冰冰的显示终端，而是一个集成了红外线传感器、触碰功能、语音识别、3D、VR/AR等技术，能够和受众进行互动的智能显示载体。

目前，智能LED显示屏已经呈现出细分化、多元化、智慧交互的势头，并越来越贴近我们的生活。对于走向民用的消费类产品，LED显示屏的显示越来越细腻、清晰，画质越来越真实、自然，贴近人眼感受。而以上这些效果，都离不开校正技术。

### 2. 校正技术的应用价值

（1）提升整体的均一性。LED显示屏受制造、封装、拼接、使用环境等因素影响，在使用一段时间后，屏体亮色度的均一性将严重下降，导致用户的观看体验大打折扣。在这一应用场景下，校正技术可大幅提升屏幕显示效果整体的均一性。

（2）改善拼接亮暗线现象。为保证LED显示屏的均一性，一般在出厂前就会对其进行校正。但在安装使用现场，随物理位置的变化，LED屏体模组之间会出现亮暗线现象，而校正技术可以在很大程度上改善亮暗线现象。

（3）解决新模组与整屏亮色度不均一问题。LED 屏体在使用一定周期后，如果更换新模组或者箱体，就会出现新更换的模组或箱体与 LED 显示屏其他区域亮色度不均一的现象，使用校正技术可以最大限度地保证 LED 显示屏整体的均一性，新更换箱体存在的亮色度差异如图 1-3-1 所示。

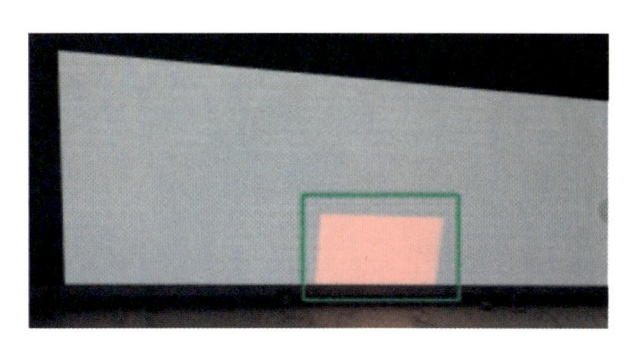

图 1-3-1　新更换箱体存在的亮色度差异

（4）通过调整 LED 显示屏的色温、饱和度、色域，满足客户的个性化颜色需求。LED 显示屏的色温多设为默认值，如 6500K，但不同客户对色温、饱和度的认知不尽相同。在一些特殊场合，客户还会对 LED 显示屏的色域提出各种标准要求，如 BT709、BT2020、DCI-P3 等。使用校正技术，可以对 LED 显示屏的色温、饱和度、色域等进行二次调节，有效满足客户对显示颜色的个性化需求。

（5）为产业链创造价值。LED 显示屏生产需经过晶片加工、灯珠封装、模组组装等工序。LED 显示屏制造商为了扩大产能、降低成本，希望灯珠的波长范围尽量放宽、贴灯方式尽可能顺序贴灯，以便采用混 bin 方案。使用校正技术，可通过高精度相机采集混 bin 之后的灯珠间亮色度差异，并进行批量处理，最大限度地降低 LED 显示屏制造商对上游供应链灯珠范围的要求，大幅降低成本，并提升整个产业链条的价值效益。

总之，校正技术可以极大地提高 LED 显示屏的价值。对于 LED 显示屏制造商来说，一方面可以降低采购灯珠成本、简化制造工艺难度；另一方面，更好的显示效果可以极大地提高产品品质，从而获得更多利润。对于用户来说，也可以得到更佳的观看效果。

## 1.4　LED 显示屏校正技术的原理简介

本文介绍的校正解决方案并不是针对单一因素进行修正的，而是采集每颗灯珠的亮色度参数，经过系统分析、计算后得出修正系数，上传至控制系统，最终使 LED 显示屏亮色度高度一致。它是一种系统的解决方案，其原理如下。

### 1. 亮度校正原理

图 1-4-1 所示为亮度校正原理图，是一个 LED 显示屏某行绿色 LED 灯珠在使用 LED 显示屏校正系统校正前后的亮度对比图。绿色部分是校正前灯珠的亮度分布图，各灯珠亮度值有高有低，十分不均匀；蓝色部分是校正后灯珠的亮度分布图，可以看出，校正后灯珠亮度处于十分均匀的状态。

亮度校正原理就是先给定一个校正目标值，通过将比较亮的灯珠的亮度值拉下来，从而让所有灯珠的亮度趋于一致。但是，灯珠亮度的目标值不一定低于全部现有灯珠的亮度。当有极少数灯珠过暗时，目标值并不会为这少数灯珠而过多牺牲全部灯珠的整体亮度。而且极个别灯珠与校正后其他灯珠的亮度差异是非常小的，人眼基本分辨不出来，对校正效果也影响甚微。但亮度校正技术也有一定的局限性，它只能解决亮度差异问题，而当 LED 显示屏存在色度差异时它就无能为力了。

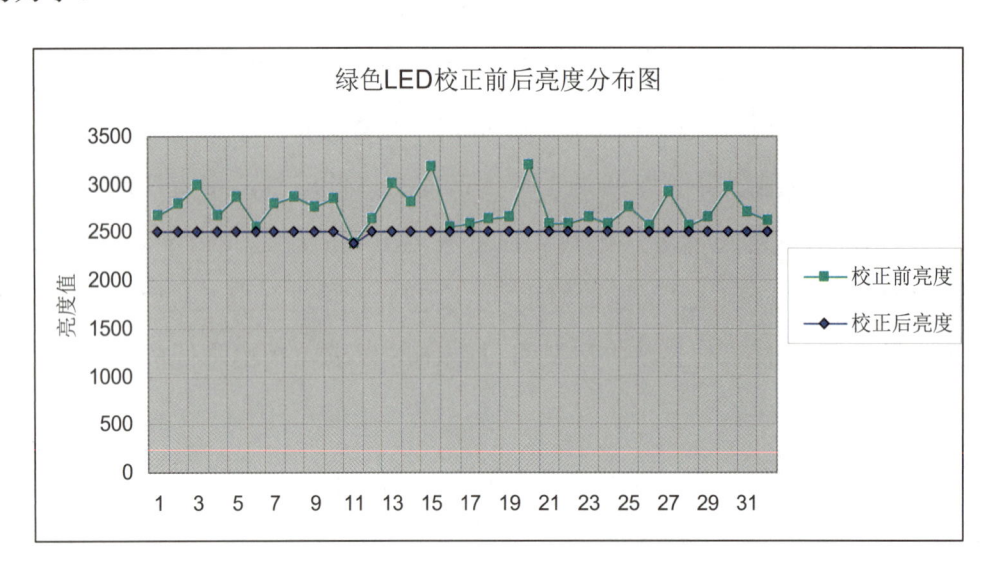

图 1-4-1 亮度校正原理图

### 2. 色度校正原理

图 1-4-2 所示为色度校正原理图，显示的是某 LED 显示屏使用逐点色度校正技术前后的色域分布图，图中白色三角形代表的是所有灯珠在校正前的色域分布。以最上面 LED 显示屏显示绿色画面为例，校正前 LED 显示屏显示绿色画面时色域均分布在一片云朵形状的黑色区域内，这表示此时 LED 显示屏的色度在这片区

域内是随机分布的。然而，如果整个 LED 显示屏在分别显示红、绿、蓝三种颜色时，色域均为随机分布，就会导致 LED 显示屏显示色彩的不均匀的现象。

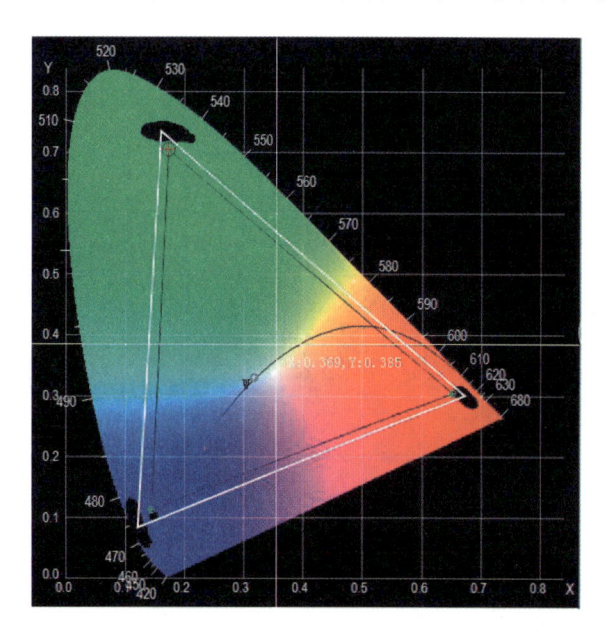

图 1-4-2　色度校正原理图

色度校正的技术原理基于色度补偿原理。先设置目标值（黑色三角形），然后通过给每颗灯珠补偿不同比例的其他两种基色，使其达到色度目标值（白色三角形为原始色域）。例如，在 LED 显示屏显示绿色画面时，通过补偿蓝色和红色的比例，可把 LED 显示屏画面部分区域从深绿色调节到浅绿色，使全部的色度数值区间落在黑色三角形区域内。基于该方法，通过补色的手段可以使 LED 显示屏分别显示红、绿、蓝三种颜色时，其色域均分布于黑色的区域，该手段即色度校正。

综上所述，亮度校正是每颗灯珠按照不同亮度比例牺牲亮度，达到所有灯珠亮度的高度统一；而色度校正是每颗灯珠通过不同色度的补偿比例，达到所有像素色彩的高度统一。

## 1.5　校正相关术语

在校正软件的使用过程中，有以下常用的名词术语。

（1）拼接亮暗线校正。LED 显示屏模组或箱体间存在拼接形成的亮暗线，只对亮暗线的部分进行校正，能快速解决拼接亮暗线的现场问题。这种校正方法能省去手动调节或者整屏重新校正的烦琐步骤，简单高效。

## LED 显示屏校正技术

在以下场景中可以使用拼接亮暗线校正的方法，以达到快速修正的目的。

场景一：整屏校正后，现场重新进行了模组或箱体物理位置调整。

场景二：箱体校正后，箱体物理位置拼接过紧或者过松都有可能导致出现拼接区域的亮暗线。

（2）更换模组校正。当 LED 显示屏整屏校正后，又更换了新模组时，模组间的批次不同、亮度差异等原因，会导致更换模组区域与周围 LED 屏体不一致。更换模组校正就是快速解决此种现场问题的一种校正方案，它是指只针对更换区域而进行的一种校正方法。更换模组校正也可以免去整屏校正的麻烦，达到整屏亮色度均一的目的。

（3）校正前后均一性评测。该名词是指通过抽样采集 LED 显示屏校正前后的亮色度数据，来评估显示屏均一性的方法。在校正前后均一性评测过程中，一般是用专业软件分析校正前后灯珠的亮色度数据，客观评估 LED 显示屏均一性的变化趋势，以协助客户准确评判该显示屏是否达到预期要求。

（4）组合屏模式。它用来表示多张发送卡级联的 LED 显示屏，需要配置发送卡连接的方式。在组合屏模式下，可以对整个 LED 显示屏进行分区校正，解决单张发送卡校正后的边缘亮线问题。

（5）Caliris 是工业级 LED 显示屏校正系统，其与数码相机相比，在校正技术中有以下三项优势。

优势一：Caliris 校正系统采用了 CCD 元器件，采集精度更高。

优势二：Caliris 相机配以 CIE1931 标准的 XYZ 滤光片，能实现绝对校正，保证校正效果。

优势三：Caliris 相机支持恒温制冷功能，能确保更好的长期工作稳定性，尤其适用于 P2 以下的小间距及多批次的 LED 显示屏，校正后的细腻程度明显优于数码相机。

（6）智能分区和基本单元。

智能分区是指软件根据 LED 显示屏的分辨率，自动计算分区数量的过程。智能分区功能可实现相机采集效率和效果的最佳匹配，不再需要人工干预。

基本单元表示校正软件隔点采集的最小单元。校正时，软件采用矩阵式隔点显示。如果基本单元大小是 3×3，那么在行和列上每隔两颗灯珠显示一颗灯珠，每种颜色需要采集 9 张图片。

（7）屏体包边。它是指 LED 显示屏边缘被其他物体或障碍物遮挡的场景。出现该情况时，校正软件通过设置包边的位置和数量，同样能保证 LED 显示屏的显示均匀性。例如，一些户外现场为了创造特效，通常会利用不同形状和材质的外模对 LED 显示屏部分区域进行遮挡，使之按照客户期望显示特定形状和形式的画面。在对此种类型显示屏进行校正时可通过设置包边区域规避处理，以保证整体效果。

（8）饱和度、成像面积。

饱和度：在 LED 显示屏校正系统中，相机参数中的饱和度反映 LED 显示屏的灯点峰值。它通过屏体亮度、相机的曝光、微焦的调节等多个参数调节得出。

成像面积：表示单个 LED 在 CCD 成像中的灯点占比。微焦对该参数影响较大，若成像面积过大，则容易造成灯点粘连，影响校正效果；若成像面积过小，则会导致采集精度下降，同样影响校正效果。

（9）预热、系数上传、系数固化。

预热：在校正之前，通过点亮箱体或外部加热的方式，让箱体表面温度达到一个指定或者稳定的状态，以保证采集的一致性。

系数上传：将软件生成的校正系数通过控制系统上传至接收卡。

系数固化：将当前上传至接收卡的数据保存在接收卡中，保证断电后校正系数仍然存在。

（10）更改目标值、手动校正模式。

更改目标值：对当前校正后的亮色度参数进行修改，多用于校正后客户对校正效果不满意或者用户有指定的校正目标等场景。

手动校正模式：对校正流程手动选择逐个操作。

（11）授权锁管理。校正相机和软件通过软件加密、外置授权锁检测配对的方式以保证安全。

（12）逐点识别方向。软件做点定位时，从某个方向开始识别灯点。4 个方向都可实现，在某个顶点出现死灯时，软件会自动改变逐点识别方向，实现自动点定位。

（13）全屏任意拼接。对于单批次无明显亮暗块的显示屏，可实现全屏校正后，箱体拆除后重新任意拼接，仍然可以保证箱体之间均匀一致。

（14）异形屏。非常规矩形屏都可认为是异形屏。

（15）色度计测量、色温。

色度计测量：使用色度计测量的 Cx 和 Cy 都用于表示当前颜色在马蹄形色域图中的坐标位置。

色温：一般指白色，是显示屏白平衡的重要参数指标。

（16）亮度校正、普通色度校正、多 bin 色度校正。

亮度校正：仅仅损失显示屏的亮度，对红、绿、蓝都不进行任何的色域缩减。

普通色度校正：不仅进行亮度校正，同时还改变红、绿、蓝的色域，以达到某些使用场景的要求。

多 bin 色度校正：是不同于亮度校正、普通色度校正的校正模式，应用于多批次 LED 显示屏或批次混拼的场景。其优点是色度校正精度更高，效果优于普通色度校正。

例如，当屏体来自一个批次，使用了一段时间存在亮度衰减时，可使用亮度校正解决。当屏体来自一个批次，但是选择的波长范围较宽，可使用普通色度校正解决。当多批次混拼时，可使用多 bin 色度校正解决。

## 1.6 校正案例

### 1.6.1 COB 4K 大屏校正案例

**1. 项目背景**

客户第一次使用超大 COB 屏体，模组间一致性较差，需要通过校正才能投入使用。

**2. 项目难点**

红、绿、蓝三色差异都很大，很难同时保证校正后白色的均衡，需要设置合理的相机参数和校正目标值。并且屏体不仅存在亮度差异，色度差异也非常明显，是形成色块的主要原因。

### 3. 校正结果

效果提升明显，色块不均匀等问题得到很大改善，COB 4K 大屏校正前后对比如图 1-6-1 所示。

### 4. 产品价值

LED 显示屏的均匀性改善，提升了客户的视觉体验，得到了客户的一致好评。

（a）校正前　　　　　　　　　　（b）校正后

图 1-6-1　COB 4K 大屏校正前后对比

## 1.6.2　ISE 展会 T 卡异步校正案例

### 1. 项目背景

ISE 展会开展在即，LED 显示屏显示不均匀，需要在短时间内进行紧急校正。客户展位已有四块屏幕进行了校正，但一块屏幕维修更换了模组，导致屏幕出现亮色度差异。下面介绍如何在复杂的展会环境中进行 T 卡校正，现场紧急校正如图 1-6-2 所示。

图 1-6-2　现场紧急校正

### 2. 项目难点

（1）校正环境光干扰严重。

客户展位处于中间区域，外界光源、LED 屏体发光干扰明显，校正环境恶劣。校正过程易受干扰而中断。

（2）LED 屏体散热不均。

LED 屏体因为散热分布不均，点亮一定时间后出现模组中间发青的现象，导致模组边缘出现了白色亮线，给校正带来了难度。

（3）校正位置、通信信号不佳。

由于现场环境复杂，相机摆放位置受到很大限制；同时使用 T 卡校正，Wi-Fi 信号极易受到干扰，导致连接不稳定。

（4）时间紧迫，时效性要求高。

距离开展剩余几个小时，时间紧迫。在有限的时间内，必须校正完毕保证整体一致性。

### 3. 校正结果

经过校正后，LED 显示屏的均匀性得到提升，使用 T 卡校正前后对比图如图 1-6-3 所示。

（a）校正前 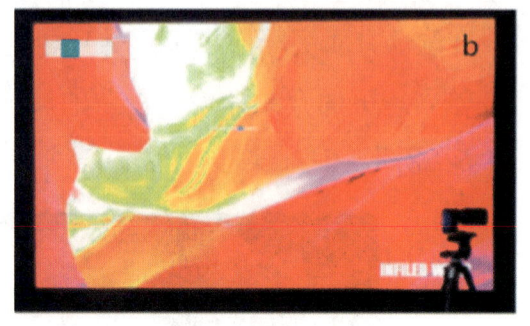　　　　　　　　　　　（b）校正后

图 1-6-3　使用 T 卡校正前后对比图

### 4. 产品价值

在 ISE 展会的复杂环境下，高效解决了 T 卡带载的 LED 屏体校正问题，保证了客户的顺利参展。并且校正后的显示效果也得到观众的一致认可，为客户的影响力和口碑带来很高的价值。

## 1.6.3 超大屏级联校正案例

### 1. 项目背景

项目使用 P0.9 小间距 LED 屏体，50 台 LED 控制器级联方案。客户提出需要整屏校正，并对显示效果提出了较高要求。超大屏级联校正现场环境如图 1-6-4 所示。

图 1-6-4 超大屏级联校正现场环境

### 2. 项目难点

（1）现场环境复杂。

会场较大，校正设备需要在 LED 屏体前方采集。因为设备数量较多，物理距离较远，因此连接调试困难。

（2）现场调试困难。

现场设备的数量过多，已经超出 NovaLCT 软件单个串口所支持的 LED 控制器最大数量（20 台）。

### 3. 校正效果

针对以上问题，经过评估后采用硬件打屏级联方案。分成多次级联校正，再通过分屏数据融合，解决设备间的拼接亮暗线问题，提升了整体均匀性。

# 第 2 章

## 全屏校正方案

## 2.1 全屏校正简介

LED 显示屏的亮度一致性、色度一致性及拼接工艺在很大程度上决定了 LED 显示屏的显示效果。在实际应用中，灯珠本身的离散性、驱动 IC 间的离散性和通道间的离散性，以及后期使用过程中因环境影响导致的灯珠衰减程度不一，都会导致 LED 显示屏出现亮色度不均一现象。再加上结构工艺及拼接误差带来的亮暗线问题，都会直接影响 LED 显示屏的显示效果，使客户体验不佳、屏幕使用寿命缩短、降低 LED 显示屏的使用价值。在这种背景下，对 LED 显示屏的色彩进行校正，就成为一项必不可少的重要技术。

LED 显示屏校正技术是一项知识高度密集型技术，该技术在 2010 年以前完全由国外公司垄断，主要是 Radiant 公司。Radiant 公司使用专门设计的工业相机采集数据，用专业软件进行数据分析、计算修正数据。但是，该技术不仅设备昂贵、操作复杂，更是长期以来被国外公司垄断，我国客户如果需要 LED 显示屏的校正服务，只能由 Radiant 公司将工业相机带到现场并派遣其公司的技术人员赴现场进行校正，人力成本、设备成本、物流成本等十分昂贵。

本章主要以全屏校正技术及箱体校正技术为例，介绍各种应用场景下对 LED 显示屏的校正技术。LED 校正技术的一大显著特点是，它没有在 LED 显示屏的制造环节进行干预，而是直接对屏幕的亮度、色度进行逐点测量及校正，从而提升 LED 显示屏的亮度一致性、色度一致性，解决拼接工艺带来的亮暗线问题，并最终显著提升 LED 显示屏的显示效果。这种技术简单易学，方便操作，非常适合职业院校学生及从业人员学习。

## 2.2 全屏校正技术

LED 显示屏行业产品主要以两种形式提供给终端客户：一种是适合固定安装的 LED 模组形式；另一种是适合租赁市场的箱体形式。全屏校正技术是指将 LED 模组或箱体组装成一个完整的 LED 显示屏后，再以整体为单位进行全屏校正。全屏校正是目前最常使用的校正方法，具有操作便捷、校正效果好的特点，适合固定安装的 LED 显示屏校正、LED 显示屏翻新校正、LED 显示屏出厂前校正等场合。

### 2.2.1 全屏校正技术的特点及使用范围

#### 1. 全屏校正技术的特点

（1）支持相机标定技术，能够更为精确地测量 LED 显示屏的亮度、色度，校正后图像更为细腻。

（2）校正后的亮度差异小于±2%，色度差异小于±3‰。

（3）能够进行色度校正，消除多批次模组之间的色度差异。

（4）支持弧形屏、异形屏的校正。

（5）控制系统支持 16 位的校正系数实现方式，校正后的低灰度十分细腻。

（6）校正过程采用红灯、绿灯、蓝灯同时采集和边采集边处理的机制，效率大幅提高。

（7）对于无法通过一次采集完成整屏校正的大尺寸 LED 显示屏，需要分区进行多次采集及校正。全屏校正技术支持修正分区内部及分区之间的边界差异，可使分区之间平滑过渡。

（8）所需设备简单，一台便携式笔记本电脑即可轻松完成户外大屏校正。

（9）支持去背景功能，在白天无光源直射屏体或天气昏暗的情况下，校正操作不受影响。

#### 2. 全屏校正技术的使用范围

（1）灯珠在使用过程中，因老化衰减程度不一导致出现亮色度差异的 LED 显示屏。

（2）因工艺和 PCB 设计问题导致出现区域性亮色度差异的 LED 显示屏。

（3）因模组拼接误差导致出现大量亮暗线的 LED 显示屏。

（4）多批次灯珠混用的 LED 显示屏。

（5）更换了不含校正数据的新模组 LED 显示屏。

### 2.2.2 全屏校正系统的软/硬件设备

完成 LED 显示屏全屏校正工作需要构建一套完整的校正系统，包括必要的硬件和软件。全屏校正系统的硬件设备清单如表 2-2-1 所示，全屏校正系统的软件清单如表 2-2-2 所示。

表 2-2-1 全屏校正系统的硬件设备清单

| 序号 | 名称 | 型号 | 描 述 |
|---|---|---|---|
| 1 | 相机（任选其一即可） | 佳能 70D<br>佳能 7DMark II<br>佳能 80D<br>佳能 90D<br>Caliris C1200 | 必要配件：<br>（1）1m 左右的 USB 数据线；<br>（2）两块电池；<br>（3）一个充电器 |
| 2 | 镜头 | 腾龙 16～300mm<br>适马 18～300mm | 标准变焦镜头，佳能卡扣 |
| 3 | 三脚架 |  | 铝合金三脚架，型号不限 |
| 4 | 加密狗 | NovaStar | 校正软件授权工具 |
| 5 | 无线路由器 |  | 用于搭建无线局域网络，型号不限 |
| 6 | 笔记本电脑 |  | 推荐配置大容量电池的笔记本电脑，系统版本为 Windows 7、Windows 8、Windows 10 |

表 2-2-2 全屏校正系统的软件清单

| 序号 | 名称 | 型号 | 描 述 |
|---|---|---|---|
| 1 | 控制软件 | NovaLCT V5.4.0（及以上版本） | 与全屏校正软件实现交互，实现校正过程中需求的画面显示和上传校正数据 |
| 2 | 全屏校正软件 | NovaCLB-Screen V5.1.1（及以上版本） | 对相机采集到的灯珠数据进行分析，然后通过控制软件上传数据 |

### 2.2.3 全屏校正系统架构

全屏校正系统根据实际需求，可以简单分为单机校正系统和联机校正系统两种形式，下面将详细介绍这两种系统的架构。

#### 1. 单机校正系统架构

单机校正系统仅使用一台计算机，同时运行控制软件 NovaLCT V5.4.0（及以上版本）及全屏校正软件 NovaCLB-Screen V5.1.1（及以上版本）。计算机使用扩展模式，主画面进行两个软件的操作，扩展画面进行投屏显示，单机校正系统架构如图 2-2-1 所示，该系统一般适用于距离较近的室内全屏校正场景。

#### 2. 联机校正系统架构

联机校正系统也称双机校正系统，该系统使用两台计算机：一台计算机运行控制软件 NovaLCT V5.4.0，对控制器进行控制及投屏显示；另一台计算机运行全屏校正软件 NovaCLB-Screen V5.1.1，用于控制相机对 LED 显示屏的灯珠进行亮色度信息采集，并对采集的数据进行分析。两台计算机通过局域网进行连接交互，联机校正系统架构如图 2-2-2 所示，该系统一般适用于距离较远的户外全屏校正场景。

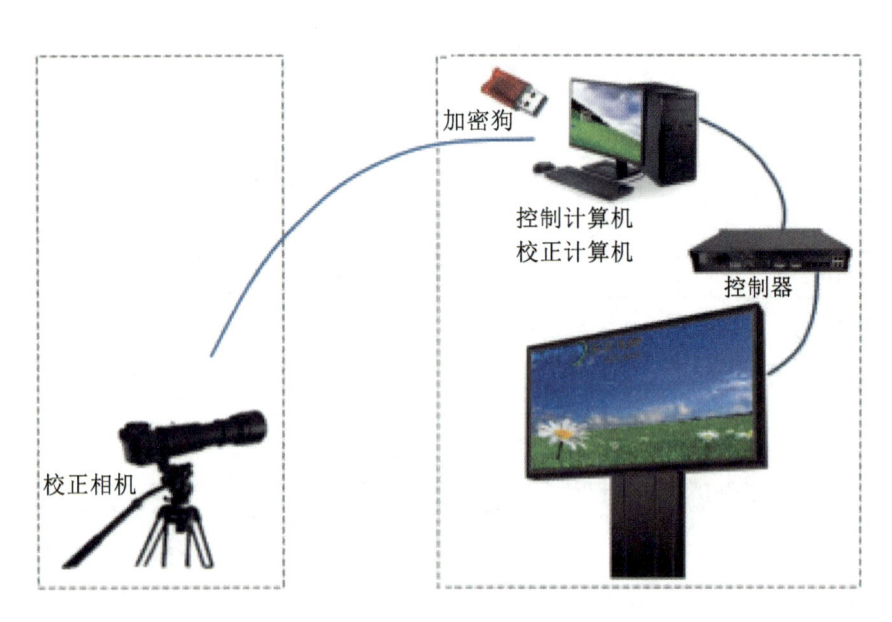

图 2-2-1　单机校正系统架构

图 2-2-2　联机校正系统架构

## 2.2.4　全屏校正操作步骤

全屏校正技术的操作步骤分为三大部分，全屏校正流程图如图 2-2-3 所示。

第一部分包括硬件设备连接、软件设置、联屏点亮 LED 屏幕。

第二部分包括软件连接、软件授权、连接相机、设置分区、调节相机参数等。

第三部分包括消除边界、系数上传、校正数据保存固化。

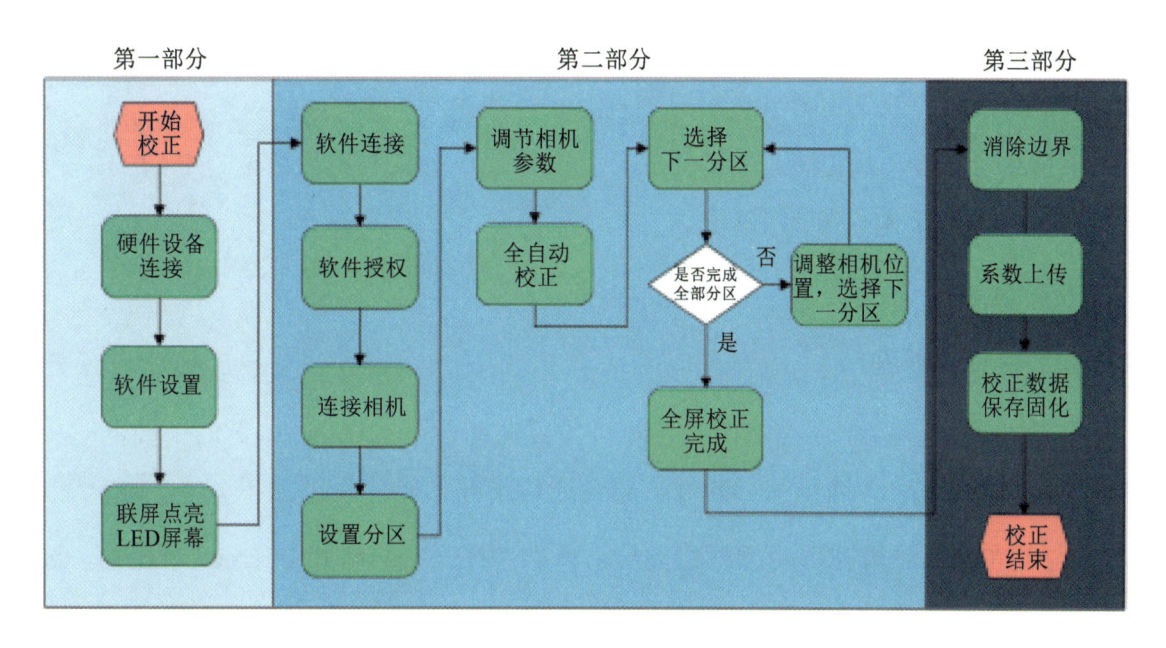

图 2-2-3　全屏校正流程图

## 1. 建立网络连接

联机校正时，先将两台计算机进行网络连接，如图 2-2-4 所示。

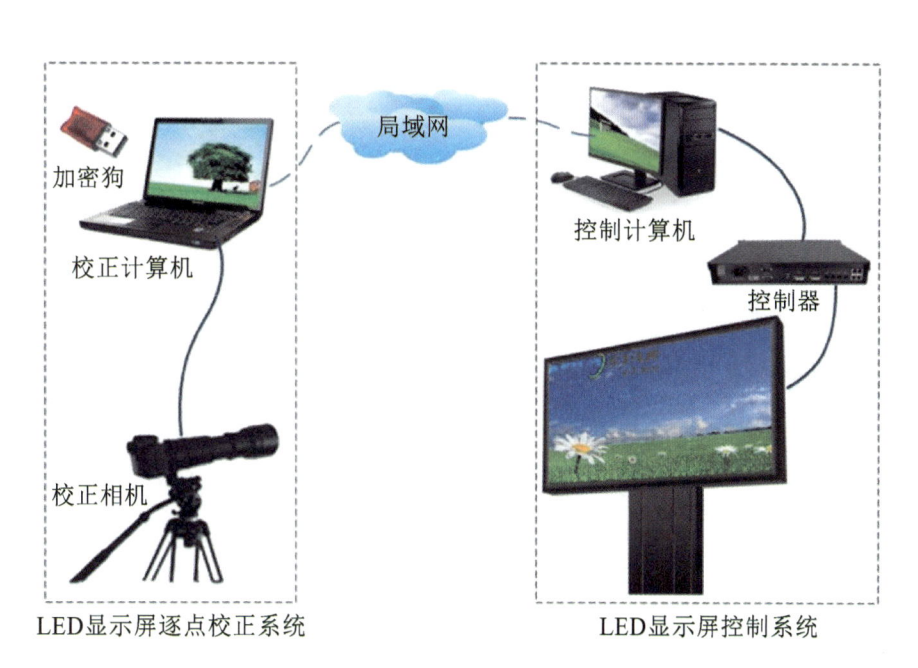

图 2-2-4　联机建立网络连接

# LED 显示屏校正技术

> **小课堂**
>
> 联机校正计算机的连接方式
>
> 第一种：使用无线路由器构建局域网，两台计算机通过网线或者 Wi-Fi 连接到路由器局域网。
>
> 第二种：当控制距离不超过 100m 时，可使用网线直连。
>
> 第三种：当控制距离超过 100m 时，可通过一对光电转换器（如 CVT310 等产品）将控制距离延长至 10km。

### 2. 设置局域网

完成物理连接后，还需将两台计算机设置在同一个局域网中。此时需要同时关闭两台计算机的防火墙和杀毒软件，避免通信不畅，具体步骤如下。

（1）右击计算机左下角的网络图标，单击"打开'网络和 Internet'设置"，选择"更改适配器选项"，如图 2-2-5 所示。

图 2-2-5　更改适配器选项

（2）如图 2-2-6 所示，右击"以太网"图标，在弹出的菜单栏中选择"属性"命令，打开如图 2-2-7 所示的"以太网属性"对话框，勾选"Internet 协议版本 4（TCP/IPv4）"复选框，单击"属性"按钮。

图 2-2-6　打开属性界面

（3）分别设置两台计算机的 IP 地址、子网掩码、默认网关，使两台计算机处于同一网段内，如图 2-2-8 所示。

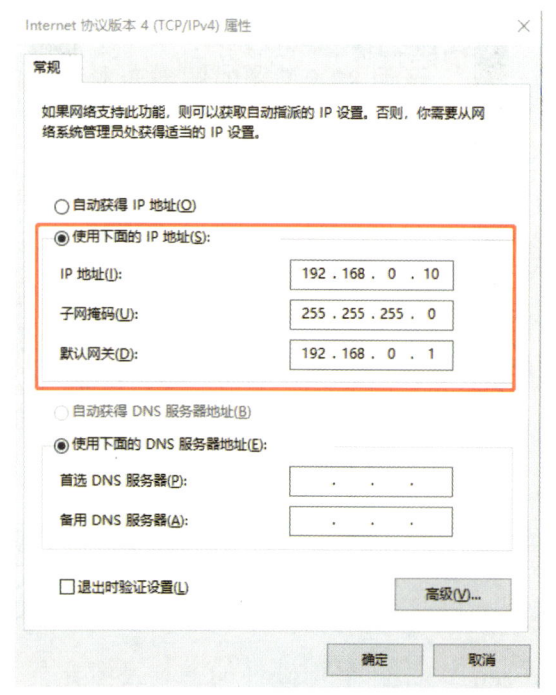

图 2-2-7　"以太网属性"对话框　　　　图 2-2-8　联机 IP 设置

### 小课堂

一般情况下，同一网段是指两台计算机的 IP 地址只有最后一段不同，如 192.168.1.10 和 192.168.1.21 是同一网段。

### 3．对设置结果进行检查

设置完成后，还需检测两台计算机是否已经连接成功，此时可以通过计算机 "ping" 命令进行检查。检查网络通信的步骤如图 2-2-9 所示。

（1）在计算机左下角的搜索框中输入 "CMD"。

（2）弹出 "命令提示符" 选项，单击进入。

（3）在弹出的 "命令提示符" 对话框中输入 "ping+IP 地址"（如 "ping 192.168.1.10"，此 IP 地址为目标通信计算机的 IP 地址），按回车键。

此时 "命令提示符" 对话框会显示数据丢失和通信时间等信息。若显示的丢失数据为零，则说明局域网连接成功；若显示 "请求超时"，则说明局域网连接失败，需要检查设备连接是否正常。

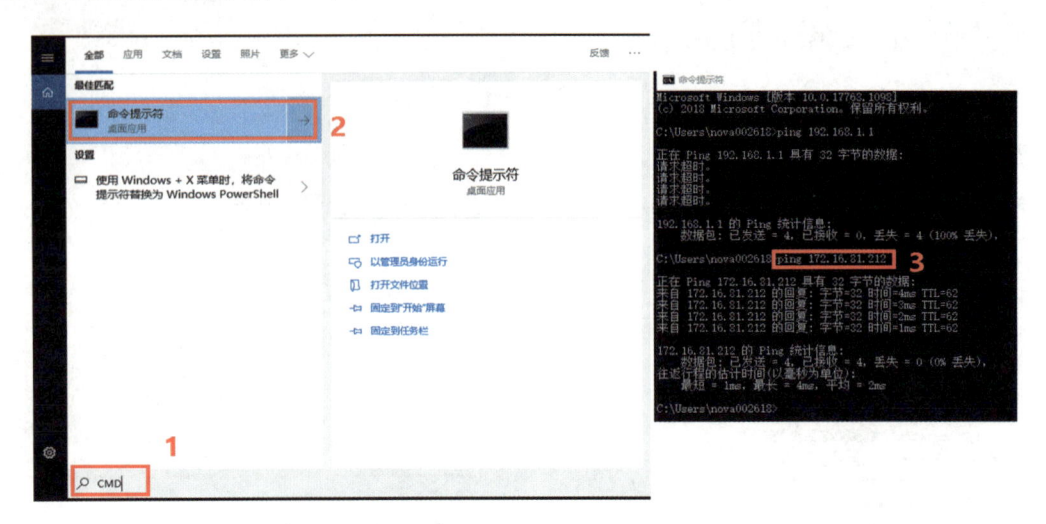

图 2-2-9　检查网络通信的步骤

### 4. 授权管理

目前市面上所有校正软件均需购买授权文件后方可使用。校正软件 NovaCLB-Screen V5.1.1 采用硬件加密狗及绑定授权文件的授权方式，每个加密狗对应一个授权文件，两者缺一不可。使用时将加密狗插到计算机的 USB 接口，在软件主界面单击"授权"按钮，在授权管理界面单击"添加"按钮，打开"授权锁管理"对话框，选中目标授权锁序号，单击"添加"按钮将加密狗对应的授权文件（位于 U 盘或光盘内）导入，如图 2-2-10 所示。

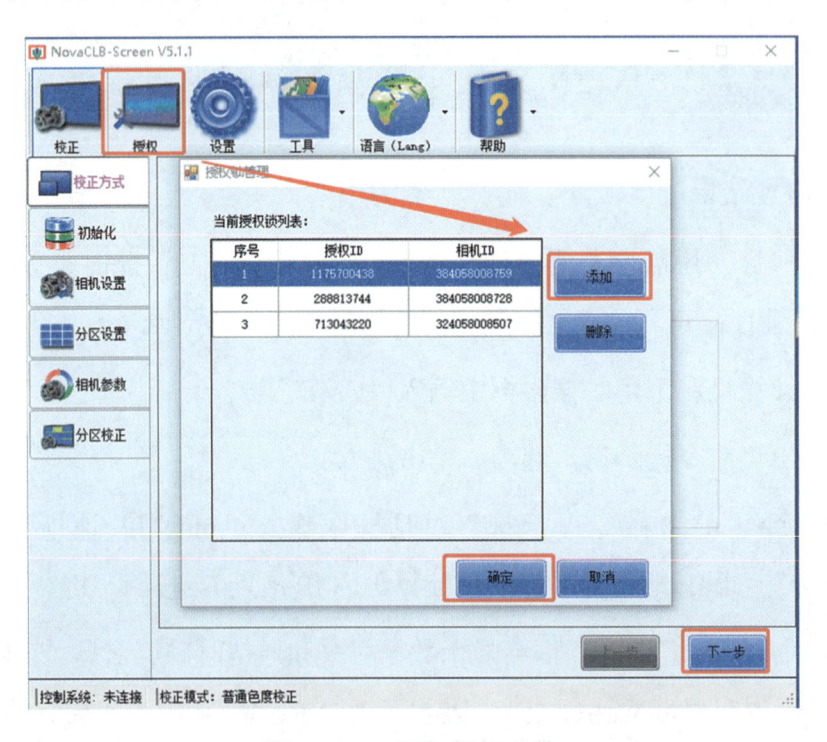

图 2-2-10　添加授权文件

可一次导入多个授权文件存储在软件中，后期使用时只需插上加密狗即可。

5. 校正过程

对 LED 显示屏进行校正，主要工作过程是在控制计算机和校正计算机上完成的，当然对于单机校正的场景，实际上这两部分是在同一台计算机上操作的，具体操作步骤如下。

1）控制计算机启动监听

（1）启动控制计算机，登录 NovaLCT V5.4.0 软件，连接 LED 显示屏控制系统后，正确配置 LED 显示屏，确保其能够正常显示。

（2）使用快捷键"win+P"选择"扩展"，或单击鼠标右键选择"显示设置"，在多显示屏"设置"下拉菜单中选择"扩展这些显示器"，扩展屏幕分辨率应等于 LED 显示屏分辨率，保证计算机桌面像素和 LED 显示屏像素点对点显示。

> **小课堂**
>
> 联机校正时，控制计算机设置为复制模式或者扩展模式均可，同样需要保证计算机桌面和 LED 显示屏分辨率一致性，做到点对点显示。

（3）打开 NovaLCT V5.4.0 软件中的"显示屏校正"窗口，在"打屏位置"选区中单击"扩展显示器"单选按钮，将"硬件响应时长"设置为"100ms"，在"校正开关"选区中单击"色度校正"单选按钮，单击窗口左下角"保存"按钮，最后单击窗口上方"网络设置"选区的"重新监听"按钮，完成设置，如图 2-2-11 所示。

若"通信信息"栏中提示"启动网络监听成功"，则意味着系统设置成功。此时 NovaLCT V5.4.0 软件可以向 LED 显示屏实时发送控制指令，完成必要的亮色度信息采集。

> **小课堂**
>
> "显示屏校正"各功能区介绍
>
> **打屏位置**：此选区含"主显示器"和"扩展显示器"两个单选按钮，用于选择校正画面打屏的位置。当控制计算机为复制模式时，"打屏位置"应设置为"主显示器"；当控制计算机为扩展模式时，"打屏位置"应设置为"扩展显示器"。

## LED 显示屏校正技术

> **硬件响应时长**：该参数是指控制软件下发控制指令后，控制系统硬件执行指令前的延迟时间，用于消除各设备之间响应不同步的问题。例如，多发送卡校正，当不同发送卡打屏响应不同时，LED 显示屏同一校正区域就会出现显示画面不同步的现象，此时就需要增大该参数。
>
> **校正开关**：此选区含"关闭校正""亮度校正""色度校正"三个单选按钮，主要用于开启或关闭控制系统中已经保存的校正系数。查看当前校正效果时，如果对效果不满意，可以单击"关闭校正"单选按钮，或者重新对 LED 显示屏进行校正，重新校正会覆盖之前保存的校正系数。
>
> **启用信号源打屏**：启用该功能后，控制软件会通过视频信号向 LED 显示屏下发色彩信息，LED 显示屏依次显示红色、绿色、蓝色，用于采集 LED 显示屏真实的各颜色信息。关闭该功能后，控制软件不使用视频信号打屏，而是直接向控制器输出控制信号打屏，多用于超大型屏幕的级联校正。

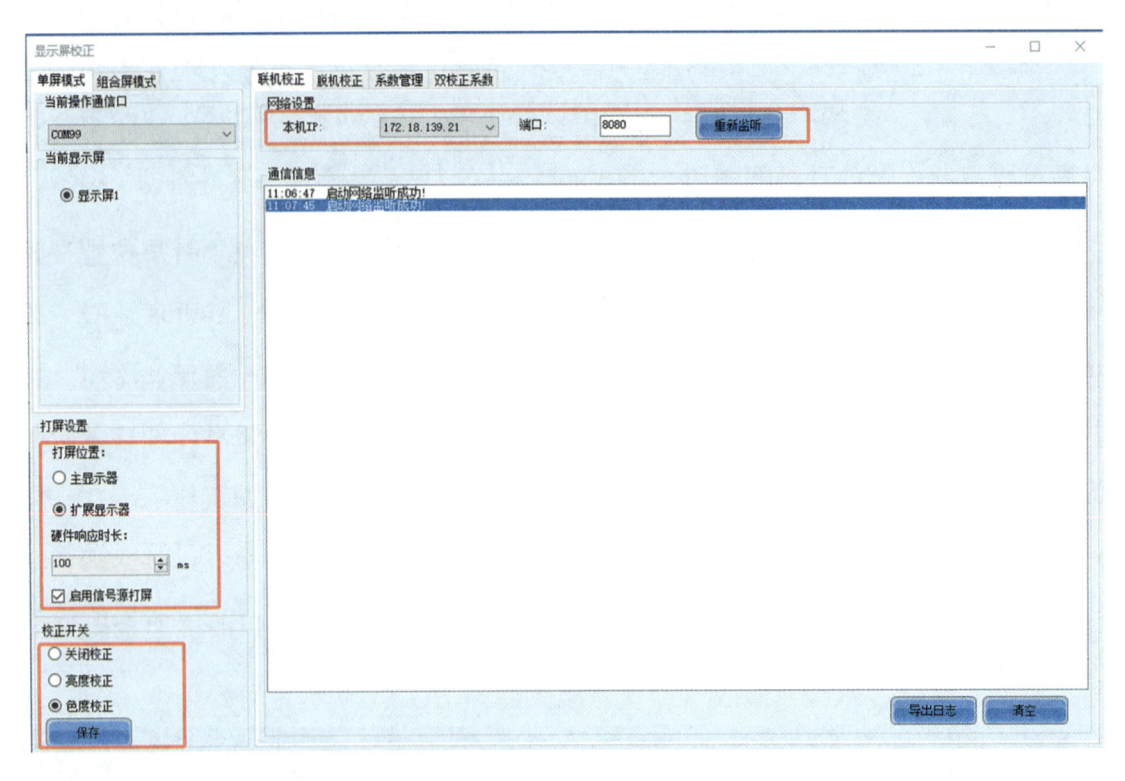

图 2-2-11　启动监听

2）校正计算机启动校正流程

（1）打开 NovaCLB-Screen V5.1.1 软件，单击"授权"→"添加"按钮，载入相机和加密狗配套的加密狗文件，若已按图 2-2-10 所示步骤添加过授权文件，则直接插入加密狗即可进入下一步操作。

（2）单击"校正"→"校正方式"按钮，在"校正方式选择"选区中单击"整屏逐点校正"单选按钮，单击"下一步"按钮，如图 2-2-12 所示。

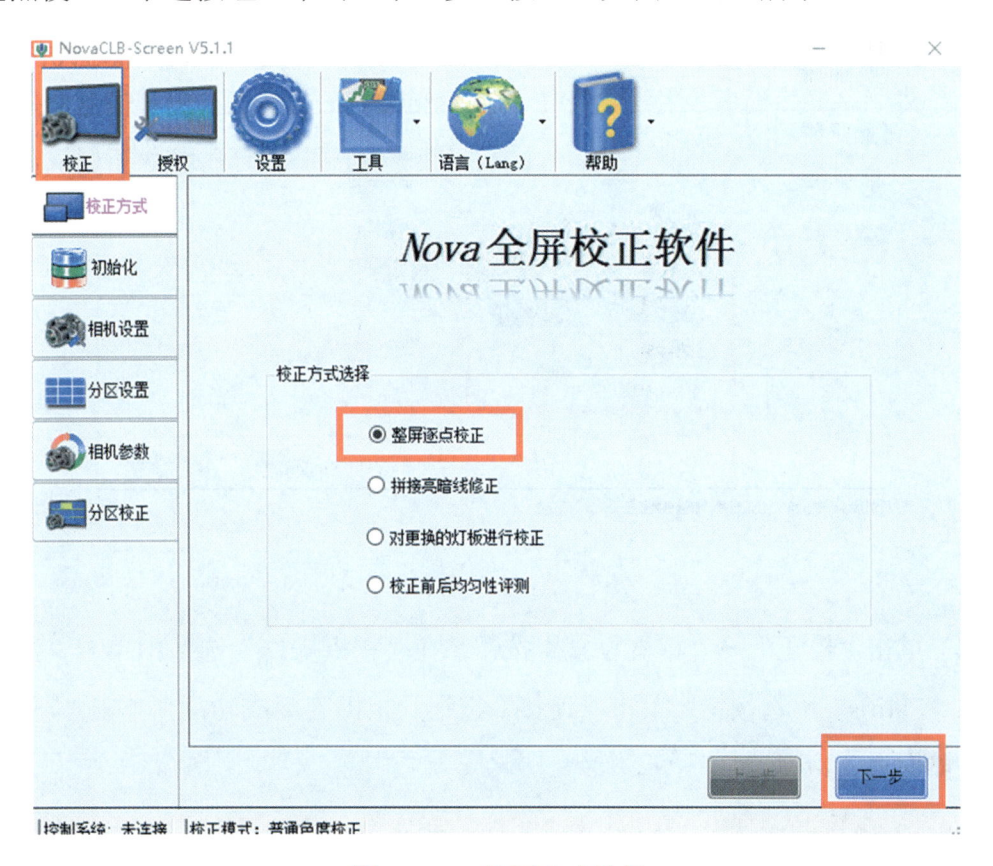

图 2-2-12  校正方式选择

（3）单击"校正"→"初始化"按钮，进入联机信息设置界面。在"控制系统"选区中输入控制计算机的 IP 地址、端口号，单击"连接"按钮。连接成功后，在"校正信息文件"选区中单击"新建"按钮，建立一个新的校正数据库，然后单击"下一步"按钮，如图 2-2-13 所示。

> **小课堂**
>
> **IP 地址**："控制系统"选区的"IP"文本框中应输入控制计算机的 IP 地址，此地址可在 NovaLCT V5.4.0 校正选项界面中查看，端口一般默认为 8080。
>
> **校正数据库**：此数据库用于保存校正后各灯珠的校正系数，后期修正亮点等操作都会用到，文件格式为"*.db"，即数据库文件夹。

## LED 显示屏校正技术

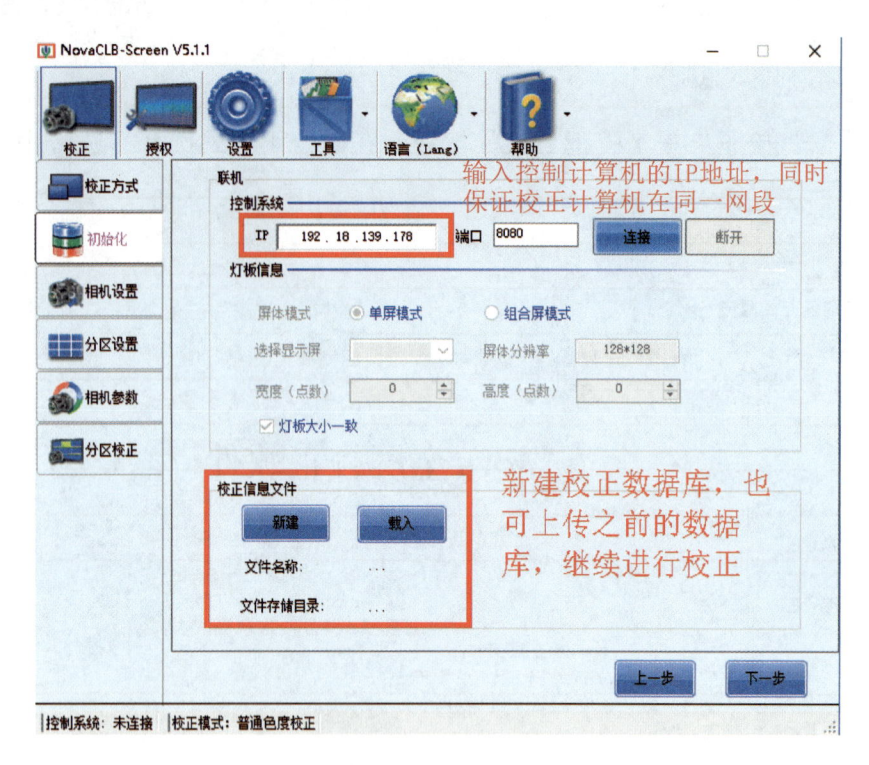

图 2-2-13 初始化设置

（4）单击"校正"→"相机设置"按钮，在"相机操作"选区中单击"数码相机"或"Caliris"单选按钮，单击"连接"按钮。相机连接成功后，单击"下一步"按钮，如图 2-2-14 所示。

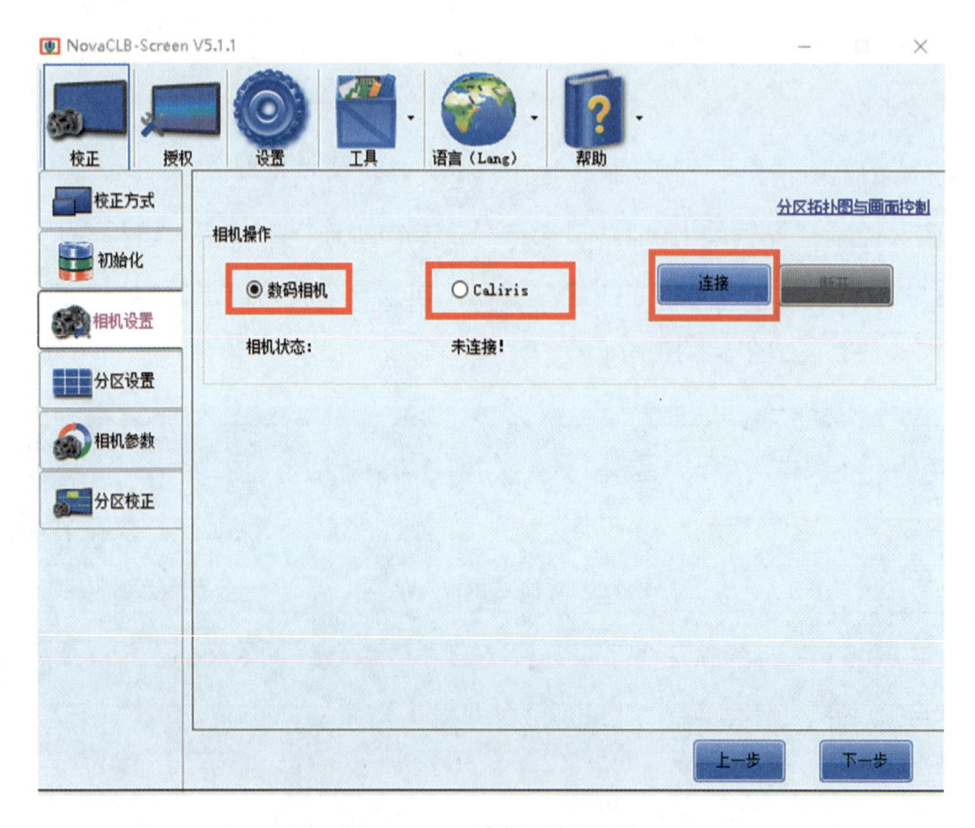

图 2-2-14 连接相机界面

## 小课堂

确保相机 ID 与加密狗 ID 信息配套，实际校正中需准备两块电池，若计算机无法连接相机，则考虑计算机是否安装了相机的驱动程序，或者相机是否已经启动。

（5）单击"校正"→"分区设置"按钮。分区间隔表示以 $N×N$ 为最小采集单元，每个单元内每次只采集一颗灯珠的色彩信息，一般选择"智能分区"。

若屏幕存在包边情况，则勾选"屏体存在包边"复选框，并分别设置上、下、左、右包边的行、列数。单击查看图标 查看，以保证所有方向均可完整显示一行或一列，然后单击"下一步"按钮，如图 2-2-15 所示。

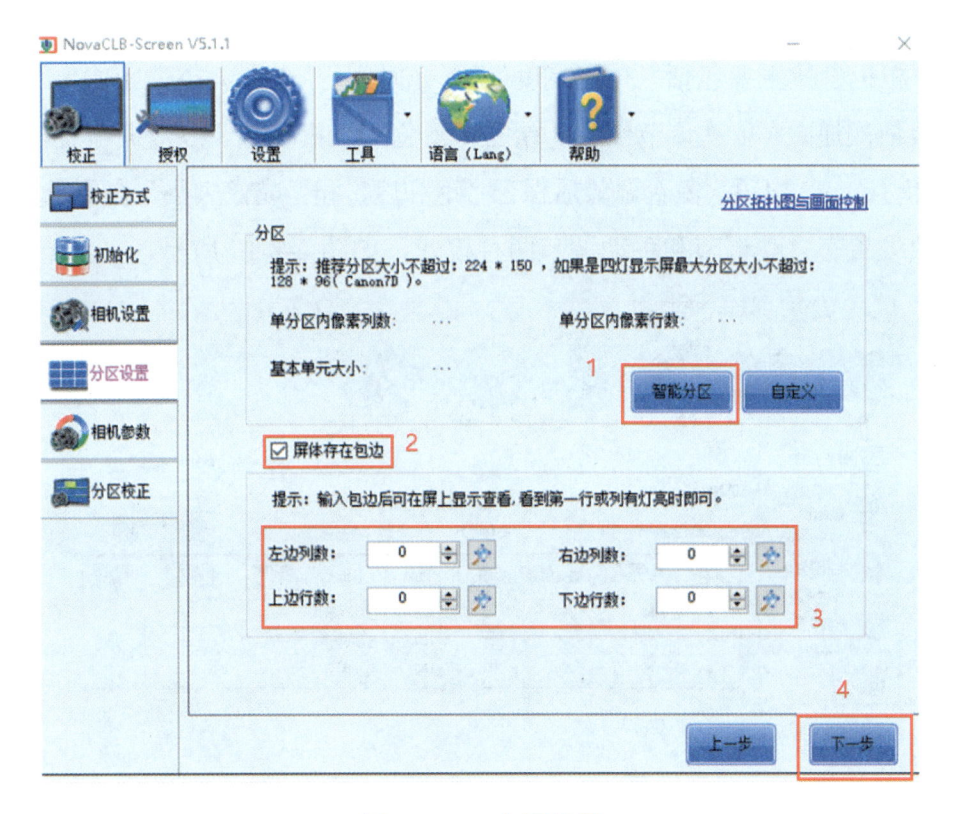

图 2-2-15　分区设置

（6）单击"校正"→"相机参数"按钮，进入参数调节界面。此操作步骤主要包括相机硬件设置和参数设置。

第一步，相机硬件设置。将相机操作模式设为"M 挡手动模式"，镜头模式设置为"MF 手动模式"，同时关闭"防抖功能"，相机设置如图 2-2-16 所示。最后调节相机位置和焦距，使 LED 显示屏位于相机取景框画面正中间。

### LED 显示屏校正技术

图 2-2-16  相机设置

第二步，参数设置。保持相机位置和焦距（只可微调焦距），根据提示调节相机参数。相机参数主要包括"打屏亮度""曝光时间""光圈大小""ISO"四项，调整优先级依次递减。依次调节红色、绿色和蓝色的相机参数，参数调节完毕后，单击"全自动调节"按钮。多次调节后保证"饱和度"和"成像大小"在要求范围内。相机参数设置有自动调节和手动调节两种模式，如图 2-2-17 所示。

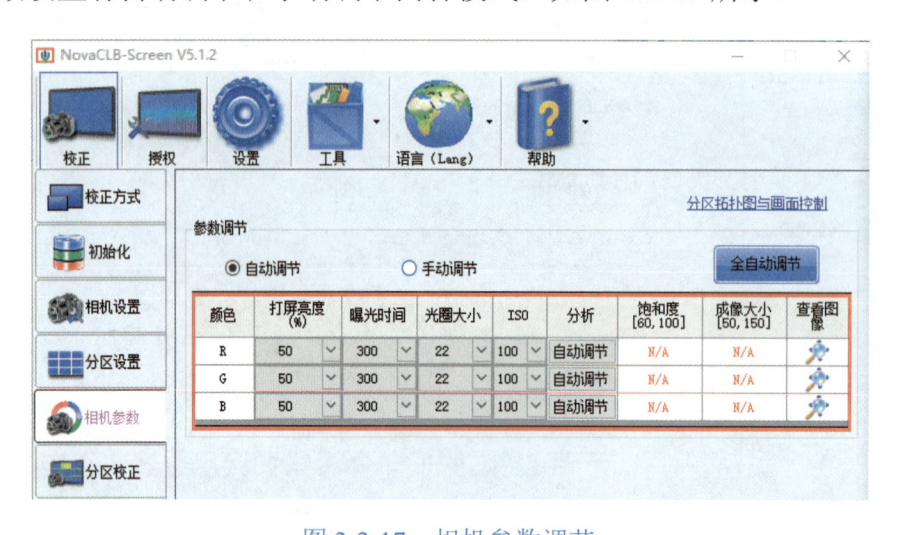

图 2-2-17  相机参数调节

### 小课堂

相机参数之间的关系：一般情况下，打屏亮度、曝光时间、ISO 与饱和度正相关；光圈大小与饱和度反相关。若软件提示成像偏小，则需要微调相机焦距使画面中的像素点变模糊；反之，则需要微调相机焦距使画面中的像素点变清晰。

**焦距设置**：第一个颜色调好后，不要再动焦距。重新调整焦距之后，需要将相机断开再重新连接。

（7）单击"校正"→"分区校正"按钮，进入分区校正界面。在软件右侧拓扑图中选择要校正的区域，单击"启动自动校正"按钮，相机开始自动采集红色、绿色、蓝色像素点亮色度信息并生成校正系数。采集完成后，单击"消除边界"→"系数仿真"→"系数上传"→"系数固化"→"保存数据"按钮，完成该区域校正。单击"下一步"按钮，选择其他分区重复上述步骤，直至完成所有分区校正，如图 2-2-18 所示。

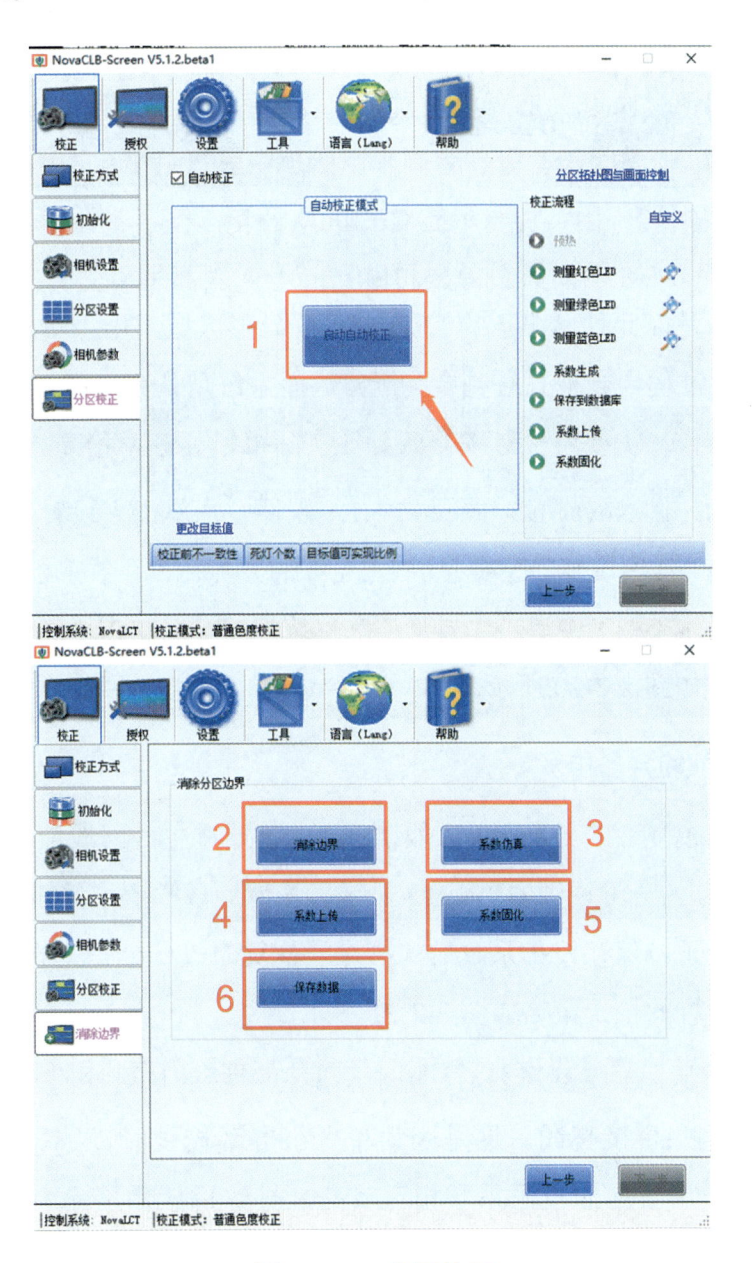

图 2-2-18　分区校正

## 2.2.5 异形屏校正操作步骤

一般情况下，行业内将不是规则矩形的 LED 显示屏统称为异形屏幕，简称为异形屏。针对不同类型的异形屏，主要有以下三种校正方案。

### 1. 结构简单的异形屏

对于结构相对简单的异形屏，配屏时以待校正 LED 显示屏的最宽和最高尺寸构建一个包含异形屏的规则屏幕，即可进行全屏校正，结构简单的异形屏的校正策略如图 2-2-19 所示。

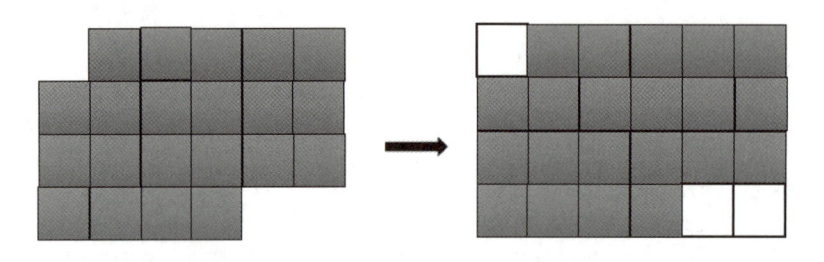

图 2-2-19　结构简单的异形屏的校正策略

需要注意的是，此种情况下的 LED 显示屏异形区域，由于实际上没有灯珠亮起，所以在校正过程中会被系统判定为死灯，而系统默认死灯率不得超过 3‰。为了不影响后续操作，需要将死灯率修改到比实际报错死灯率稍高。

具体操作为：在 NovaCLB-Screen V5.1.1 软件中，单击"设置"按钮，在弹出的对话框中单击"常用设置"选项卡，在"允许的死点比例"数字栏中输入设定值，同时在下方"屏体类型"中单击"异形屏"单选按钮，并单击"确定"按钮，完成死灯率的设置，如图 2-2-20 所示。

### 2. 结构复杂的异形屏

对于结构比较复杂的异形屏，一般情况下，可通过更改网线连接的方式，将整个 LED 显示屏分为若干规则的小 LED 显示屏，然后逐一对这些规则的小 LED 显示屏进行全屏校正。保存校正系数后，再将屏幕复原成一个完整的 LED 显示屏，结构复杂的异形屏的校正策略如图 2-2-21 所示。

需要注意的是，连成整屏之后，每个小屏幕拼接的位置会存在亮线，需要手动调节以消除这些拼接亮线。这是因为单个小屏幕校正时，屏幕边缘被认定为黑色，所以校正后获得的校正系数相对较高，导致拼接后屏幕会出现亮线。

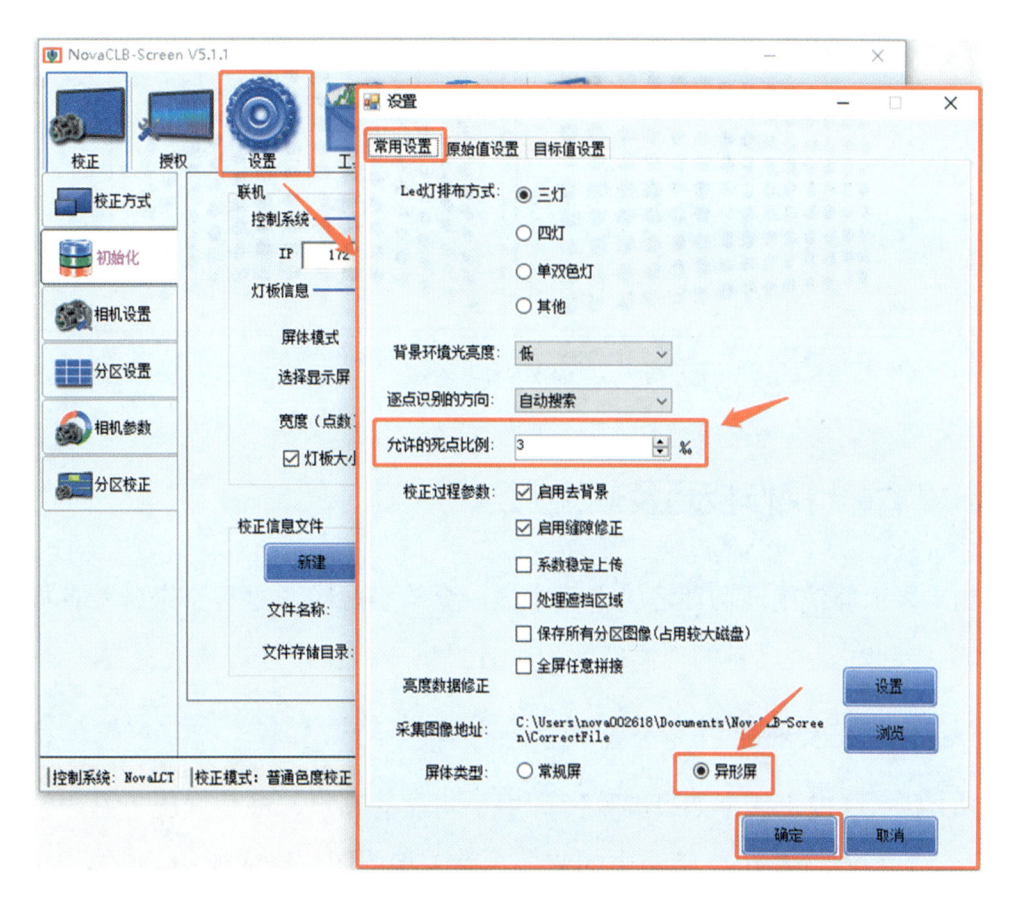

图 2-2-20　修改死灯率

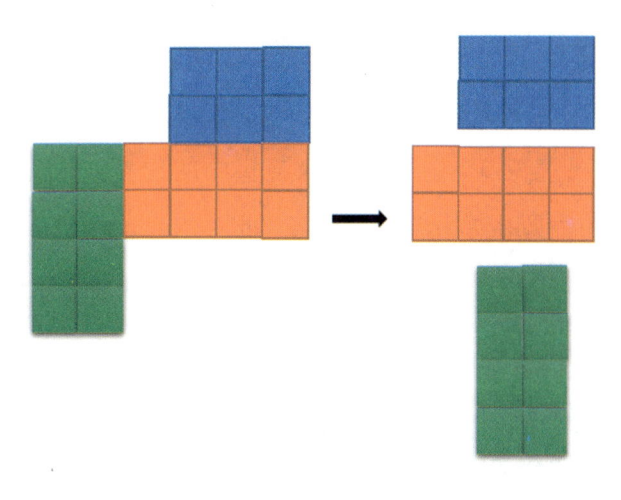

图 2-2-21　结构复杂的异形屏的校正策略

### 3．弧形屏

弧形屏也是一种异形屏，由于该类屏体表面存在一定弧度，因此校正相机在采集边缘像素点的灯点时会产生压缩变形，从而导致校正失败，弧形屏如图 2-2-22 所示。规避的方法就是尽可能地减小弧度的影响，一种方法是设置多个采集点，保证每个采集点到屏幕的垂直距离不变；另一种方法是尽量减少每个分区的面积，具体设置方法为在分区设置界面选择"自定义"，在下拉菜单中选择更小的分区。

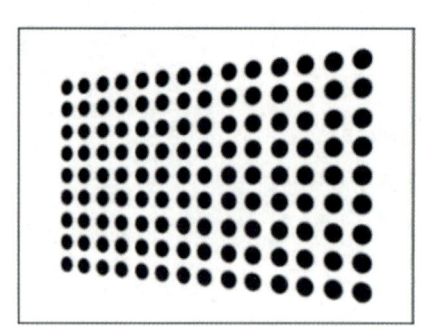

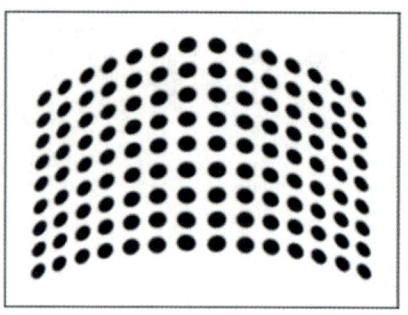

图 2-2-22　弧形屏

### ▶ 2.2.6　操作技巧及规避方法

LED 显示屏使用现场环境的不确定性，会给实际校正过程带来各种各样的问题，本节将针对一些常见的现场问题给读者提供一些操作技巧及规避方法。

#### 1. 亮点修正及规避

LED 显示屏校正后，如果屏幕上产生了明显的亮点，多数情况下是由于数码相机镜头沾染灰尘造成的。镜头中的灰尘会对采集的图片造成遮挡，使得校正系统采集到的图片在该区域亮度值降低。在经过修正计算后，系统会给予被遮挡区域更高的亮度修正系数，从而导致亮点的产生。这是一种比较常见的问题，处理方法主要有以下两种方法。

（1）校正取景时规避亮点。由于灰尘在镜头中的位置是固定的，所以产生的亮点在 LED 显示屏中的位置也是相对固定的，同时亮点在相机取景框中的位置也是固定的。所以条件允许的情况下，在相机取景时可以将需要校正的区域放到亮点以外的取景框中。

> **小课堂**
>
> 　　规避亮点的方法在使用时受环境影响较大，如果屏幕较大，亮点较多，可用的取景框面积太小，就会导致校正时灯点定位不准，影响校正效率。

（2）使用亮点修复工具。如果校正现场无法规避亮点位置，则可以在校正完成后使用 NovaLCT V5.4.0 软件中的亮点修复工具，手动对该区域的校正数据进行修正。

#### 2. 屏幕旋转后的校正

无论现场拼接时使用的是模组还是箱体，都会有一个正方向的要求。通常在模组或箱体的背面，有一个向上的箭头图标以指示正方向。按照指示方向拼接安装的 LED 显示屏，其画面就是没有经过旋转的。但有些特殊的使用现场，LED 显示屏需要旋转 90°、180°、270°等，甚至是一些特殊的角度。对于这种旋转后的 LED 显示屏的校正，需要保证相机和旋转后画面（0,0）点方向一致，方法有两个：①将相机旋转同样角度后再进行采集；②如果相机无法旋转或者旋转后无法固定，则需要重新制作 LED 显示屏配置文件，将整屏画面调试为不旋转状态后再进行校正。

### 3. 全屏校正后箱体任意拼接

通常情况下，对使用箱体拼接的 LED 显示屏，在整屏校正完成后需要对每个组成箱体进行编号。后期重新组装成整屏时，每个箱体的相对位置不能改变，否则会出现箱体边缘亮色度差异明显的现象。

全屏任意拼接功能，是指对整屏进行校正之后无须对箱体进行编号，现场任意拼接的显示效果不会出现任何过渡不均匀的问题。这种功能非常适合需要经常拆装的 LED 显示屏租赁现场，但它只能针对同一批次且没有明显亮暗块的箱体。

在 NovaCLB-Screen V5.1.1 软件中，单击"设置"按钮，在弹出的对话框中单击"常用设置"选项卡，勾选"全屏任意拼接"复选框，启用全屏任意拼接功能，如图 2-2-23 所示。

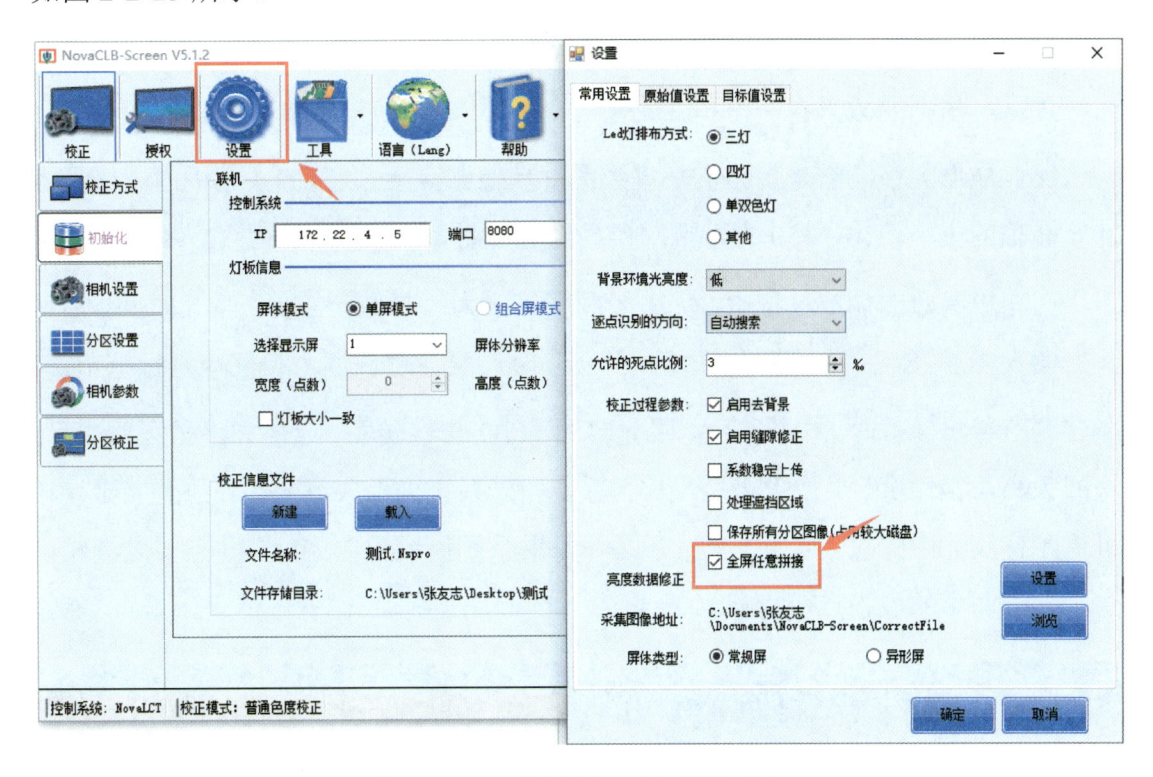

图 2-2-23　启用全屏任意拼接功能

### 4. 相机参数调节技巧

校正时需要调节的相机参数如图 2-2-24 所示。

| 颜色 | 校正亮度 | 曝光时间 | 光圈大小 | ISO | 分析 | 饱和度 | 成像大小 | 查看图像 |

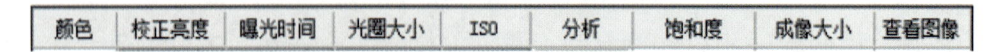

图 2-2-24　校正时需要调节的相机参数

（1）校正亮度。它是指校正时 LED 显示屏显示色彩时的亮度，亮度会影响相机采集时的饱和度和成像大小。通常校正时屏体的亮度不能低于 10%，户外屏校正时需调得更低一些。在相机参数调整过程中，校正亮度可以优先调节，特别是在环境光干扰比较强烈时。

（2）曝光时间。它是指采集图像时相机快门开启的时间，也就是允许进光的时间。需要注意的是，如果屏体的刷新率不足，曝光时间调得太短，会产生所采集图片存在横向扫描线的问题。

（3）光圈大小。可以将其理解为相机进光孔的大小，软件上的光圈值越大，相机开启的进光孔就越小，此时相机镜头进光量越小，所采集图片的饱和度也越小。

（4）ISO。它是指相机对光线的敏感程度。ISO 越大，感光能力越强，对于亮度较低的屏体会有明显作用。

（5）饱和度。它是指相机采集到的图片色彩的艳丽程度。饱和度在 60～100 之间为正常，根据经验来看，饱和度无须过高，尽量不要超过 90。

（6）成像大小。它是指相机采集到图片单像素点所占 CCD（相机内感光元器件）面积的大小。50～150 为正常，根据经验来看，调节至 100 左右为最佳。

在相机参数的调节过程中，优先级顺序一般为：先调节亮度和曝光时间，后调节光圈大小和 ISO。在调整光圈大小和 ISO 时，要注意应逐个挡位地进行调节。

调节相机参数时，校正亮度、曝光时间、ISO 与饱和度、成像大小呈正比关系，光圈大小与饱和度、成像大小呈反比关系。如果系统提示成像偏小，则需要微调相机焦距使画面中的像素点变模糊；反之，如果系统提示成像偏大，则需要微调相机焦距使画面中的像素点变清晰。

### 小课堂

校正小技巧一：快速上传，可利用视频源通道，如 DVI、HDMI；稳定上传，可利用数据通道 USB。优先选择快速上传通道，无信号源或快速上传后出现花屏时可选择稳定上传通道。

校正小技巧二：大尺寸分区整体校正效果优于常规分区，这主要是因为大尺寸分区时，单个分区采集的灯点数量较多，有利于分区内屏体调节亮度均匀，从而最终达到比较好的效果。

### 2.2.7 典型案例分析

#### 1. 户外屏幕校正

户外屏幕校正如图 2-2-25 所示，图中是一个商场门头的户外大屏，屏幕尺寸较大且安装在楼宇外立面，有一定高度，前方基本无遮挡，是一个典型的户外大屏校正案例。对于这种户外 LED 显示屏的校正，现场需要解决相机设置的位置和通信网络的搭建方式这两个主要问题。

图 2-2-25 户外屏幕校正

解决方案如下。

（1）相机位置需要放置在屏幕中线位置上。

（2）相机拍摄仰角 $\beta$ 和左右摆角 $\alpha$ 都不宜过大，一般不宜超过 30°。所以在校正这种户外屏幕时，需要拉长相机与屏幕之间的距离，保证相机拍摄仰角和左右摆

## LED 显示屏校正技术

角在 30°以内。相机与 LED 显示屏的垂直距离 $L$ 的取值需满足以下两个公式的要求。

$$\frac{H}{L} \leq \tan 30°$$

$$\frac{A}{2L} \leq \tan 30°$$

式中　$H$——LED 显示屏的最高高度；

　　　$A$——LED 显示屏的宽度。

（3）因户外校正时，相机一般距离 LED 显示屏较远，故多采用联机校正系统。但由于商场门口不方便牵网线，所以现场一般用路由器构建局域网，以完成通信网络的搭建。

### 2．门框屏校正

图 2-2-26 所示为门框屏的外形，接收卡使用 MRV328，单卡带载 128×96，发送卡使用 MCTRL600，门框屏的箱体连接图如图 2-2-27 所示（图中 1280、384 均为像素点）。

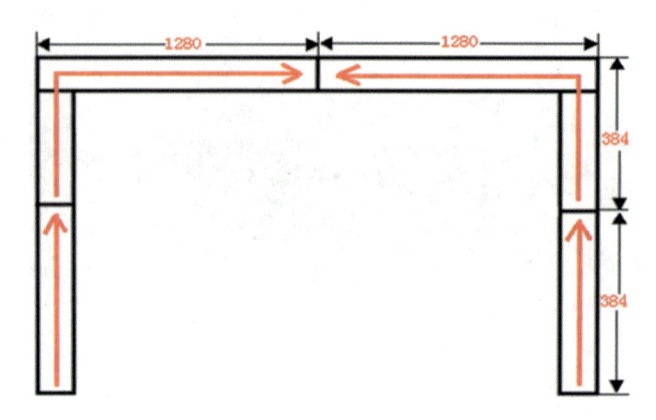

图 2-2-26　门框屏的外形

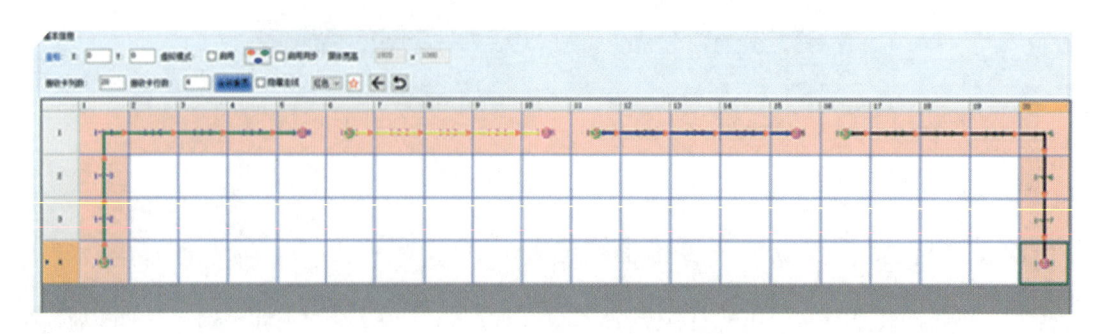

图 2-2-27　门框屏的箱体连接图

解决方案如下。

将原有屏幕通过修改接收卡间网线连接，拆分成 3 个规则的小矩形屏幕。然后依次校正这 3 个小屏幕，上传系数。全部校正完成后，改回原有连接，通过亮暗线修正拼接成整屏。改线后的门框屏的结构和箱体连接图如图 2-2-28 所示。

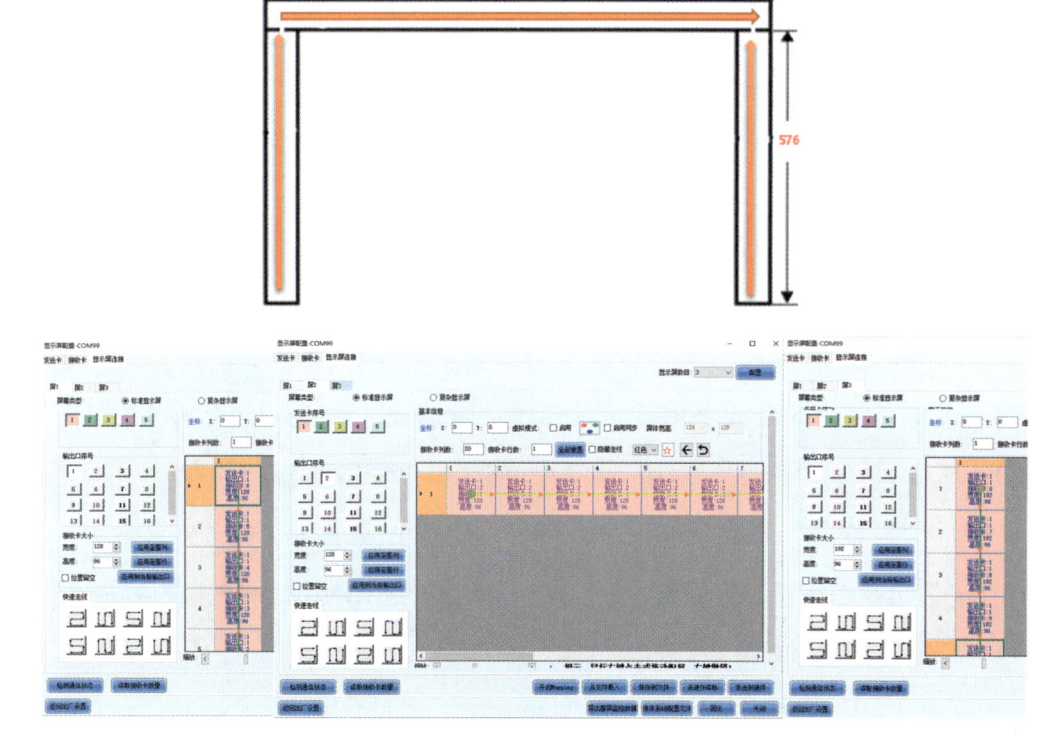

图 2-2-28　改线后的门框屏的结构和箱体连接图

### 3．弧形屏校正

随着 LED 显示屏应用场景的不断扩展，越来越多的 LED 显示屏不再局限于规则的矩形屏幕。目前弧形屏的应用越来越多，图 2-2-29 所示为典型的弧形屏校正。此类屏校正最大的难度在于，相机在采集每个校正分区像素亮色度数据时，弧形的特殊结构会导致分区边缘像素产生压缩变形，进而导致采集到的数据失真。

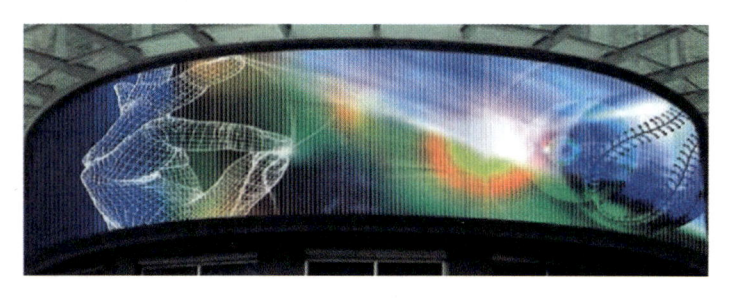

图 2-2-29　典型的弧形屏校正

## LED 显示屏校正技术

解决方案如下。

（1）多机位校正。在保证相机离屏幕的垂直距离不变的情况下，移动相机的位置，使相机正对每个区域进行校正，如图 2-2-30 所示。在移动过程中，必须保持相机镜头参数不变。

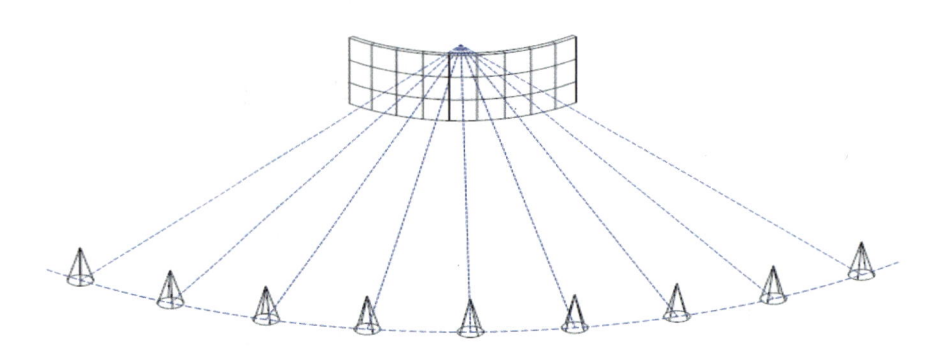

图 2-2-30　多机位校正

（2）通过减小分区来减小相机偏转角度。通过分区设置，分区边缘到弧形屏圆心线和相机到弧形屏圆心线之间的角度保持在 30°以内，确保相机单次采集区域不会因弧度过大导致采集像素出现变形问题。具体设置步骤为：在"分区设置"菜单中，单击"自定义"按钮，然后根据屏幕实际情况，选择使用较小的分区进行校正，如"1*1""2*2"等，如图 2-2-31 所示。

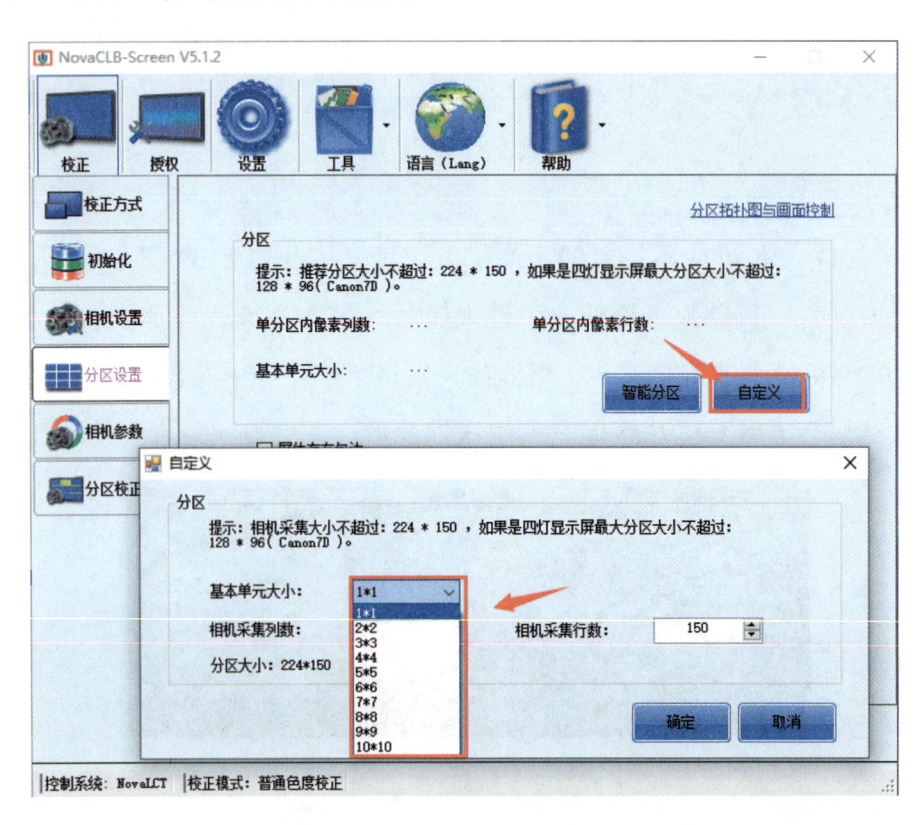

图 2-2-31　设置小分区进行校正

## 2.3 COB 校正方案

随着 LED 显示屏技术的发展和客户对显示效果要求的提升，LED 显示屏的点间距不断减小是一个必然的发展趋势。虽然减小 LED 显示屏的点间距的方法有很多，但由于成本、工艺、可靠性等因素制约，目前真正投入量产的只有 COB 封装技术和四合一封装技术，而其中的 COB 是主要发展方向之一。

### 2.3.1 COB 工艺简介

COB（Chip On Board）封装是一种区别于传统 DIP 和 SMD 封装技术的新型封装工艺。它将 LED 芯片直接贴在高反光率的镜面金属基板上，是一种高光效的集成面光源技术。此技术的特点是剔除了传统的支架部件，同时无电镀、回流焊、贴片等工序，因此工序减少近三分之一，成本也相应节约了三分之一。更重要的是，这种封装工艺不仅可以大幅度减小 LED 显示屏的点间距，而且在产品稳定性、发光效果、耐用节能等方面都有明显优势。利用 COB 技术生产的小间距 LED 显示屏，在画质的均匀性、色彩曲线、可视角度等性能方面表现都十分优异，尤其在户外小间距 LED 显示屏封装领域，COB 的卓越显示效果已经逐渐得到市场的认可。

COB 独特的显示特性得益于其特殊的工艺，它和传统表贴 SMD 工艺在原理上有着明显的区别，SMD 工艺和 COB 工艺对比如图 2-3-1 所示。

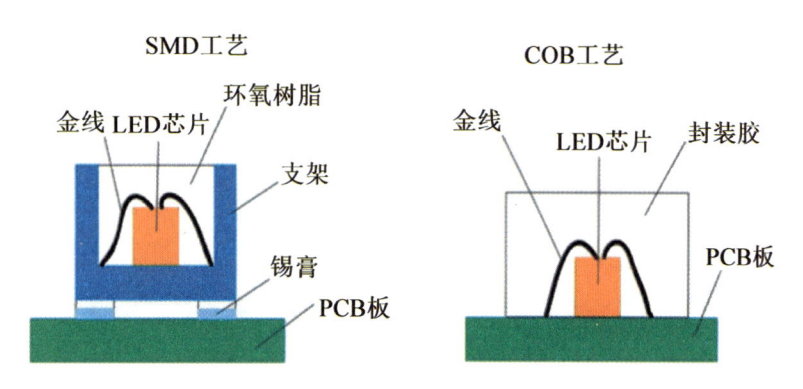

图 2-3-1 SMD 工艺和 COB 工艺对比

（1）SMD 的主要工艺流程：首先将 LED 芯片封装于支架内形成灯珠（SMD 表贴件），然后通过焊锡将灯珠贴于 PCB 板，接着将表贴件及 PCB 板放入高温烤箱内进行烧结凝固（回流焊），并通过压焊技术对 LED 进行引线焊接，最后用环氧树脂对支架进行点胶封装。

（2）COB 的主要工艺流程：将 LED 芯片直接封装于 PCB 板，然后进行 LED 芯片导通性能的焊接。测试完后，用环氧树脂胶包封。在 COB 工艺流程中，省去了支架，可以大大减小点间距，达到更高的灯珠密度。但也由于没有传统的灯珠概念，无法进行混灯处理，所以对屏幕亮色度的均一性产生了极大的影响。

### 2.3.2 COB 屏幕特点及校正难点

#### 1. COB 屏幕特点

全新工艺的 COB 屏幕主要具有以下 7 个特点。

（1）性能更优越。在 COB 工艺中，省去了支架和焊盘连接器，从而可增加输入/输出（I/O）的连接密度，使产品性能更加可靠和稳定。

（2）超轻薄。可采用厚度为 0.4～1.2mm 的 PCB 板，质量最少降低到原来传统工艺产品的 1/3，显著降低 LED 显示屏的结构、运输和工程成本。

（3）防撞抗压。直接将 LED 芯片封装在 PCB 板的凹形灯位内，然后用环氧树脂胶封装固化，灯点表面凸起形成球面，光滑而坚硬，耐撞耐磨。

（4）大视角。视角大于 175°，接近 180°，具有更优秀的光学漫散色效果。

（5）散热能力强，使用寿命长。把灯封装在 PCB 板上，通过 PCB 板上的铜箔快速将灯芯的热量传出，而且 PCB 板的铜箔厚度都有严格的工艺要求，加上沉金工艺，几乎不会造成严重的光衰减。所以很少死灯，大大延长了 LED 显示屏的寿命。

（6）耐磨、易清洁。COB 产品表面光滑而坚硬，耐撞耐磨；没有面罩，有灰尘时用水或布即可快速清洁。

（7）全天候优良特性。COB 产品采用三重防护处理，防水、防潮、防腐、防尘、防静电、防氧化、防紫外线等性能突出。满足全天候工作条件，-30～80℃的温差环境均可正常使用。

#### 2. 校正难点

COB 屏体的芯片封装在 PCB 板上，无法进行混灯，故其单元板很容易出现多批次现象，如图 2-3-2 所示。另外，COB 屏体在灰阶 30 以下，很容易出现麻点和色块问题，如图 2-3-3 所示。当前 COB 产品主要用于高端场合，利润可观，但由于其封装工艺的特殊性，使得其出厂时的亮色度均一性很难满足客户要求。在这样的背景下，针对 COB 的校正解决方案也成为亟待解决的行业难题。近年来，针对 COB 显示屏的全套解决方案，使用了科学级的校正相机 Caliris C1200 和高精度校正软件及全新算法，已成功在多家屏厂进行了实际应用，并在市场端经受住了严格的考验，校正效果得到客户的一致好评。

图 2-3-2　单元板多批次现象

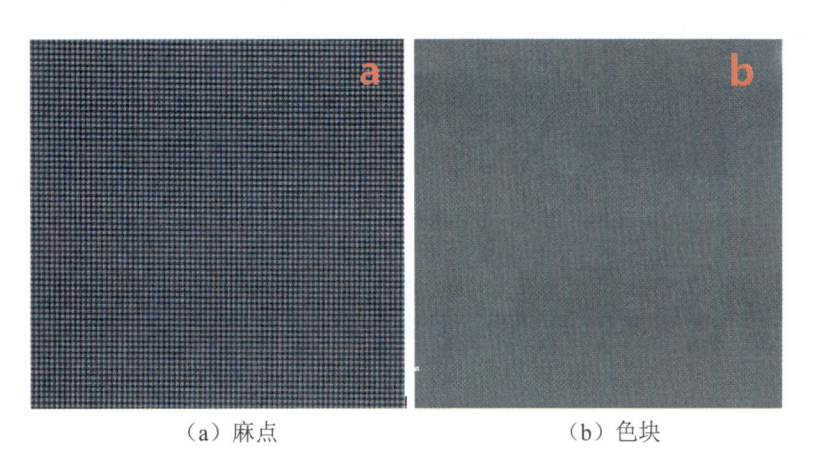

（a）麻点　　　　　　　　　（b）色块

图 2-3-3　低灰显示差

### 2.3.3　COB 校正方案简介

COB 校正方案基于 CCD 感光芯片和 CIE-XYZ 三色滤片的科学级相机 Caliris C1200（简称"C1200"），并配套使用尼克尔 AF-S 28-300mm f/3.5-5.6G ED VR 镜头。Caliris C1200 性能参数如表 2-3-1 所示，变焦镜头性能参数如表 2-3-2 所示。

表 2-3-1　Caliris C1200 性能参数

| 参数 | Caliris C1200 |
| --- | --- |
| 感光芯片 | Sony ICX834 |
| 分辨率 | 4250 像素×2838 像素 |
| 成像大小 | 13.2mm×8.8mm |
| 像素大小 | 3.1μm×3.1μm |
| 暗电流 | 在-10℃温度下每秒电荷数低于 0.002 |
| 动态范围 | 75dB |
| 亮度测量精度 | CIE(Y)+/-2% |
| 色度测量精度 | CIE(X,Y)+/-0.003 |
| 快门 | 电子快门，曝光范围为 100μs～240min |
| 相机增益 | 用户可调<br>默认为高增益：0.13e-/ADU<br>低增益：0.28e-/ADU |
| 计算机接口 | USB 2.0（兼容 USB 1.1） |
| 制冷能力 | 智能调节 |
| 镜头接口 | 接尼克尔镜头需要转接环 |
| 尺寸 | W4.45"×H4.45"×D2.50" |
| 质量 | 402oz/1130g |
| 输入电压 | 90～240V AC 50/60Hz |
| 功耗 | 24W |
| 工作环境 | 温度：-20～30℃<br>湿度：非凝结 10%～90% |

表 2-3-2　变焦镜头性能参数

| 参数 | 尼克尔 AF-S 28-300mm f/3.5-5.6G ED VR |
| --- | --- |
| 最大光圈 | f/3.5～5.6 |
| 最小光圈 | f/22～38 |
| 焦距 | 28～300mm |
| 镜头结构（片/组） | 14 组 19 片（2 个 ED 镜片，3 个非球面镜片） |
| 带有 35mm（135）格式的摄像角度 | 75°-8°10' |
| 运用 Nikon DX 格式的摄像角度 | 53°-5°20' |
| 最小 f/stop | 22～38 |
| 最近对焦距高（微距设定） | 0.5m（覆盖整个变焦范围） |
| 最大复制比率（微距设定） | 0.32 倍（最大远摄位置） |
| 滤光镜尺寸 | 77mm |
| 遮光罩 | HB-50 |
| 直径×长度（从镜头卡口伸出的延伸段） | 约 83mm（最大直径）×114.5mm（从镜头卡口起计） |
| 质量 | 约 800g |

### 1. Caliris C1200 相机的特点

（1）Caliris C1200 相机采用 16bit 全帧扫描，可输出高品质、高稳定性的图像数据。

（2）逐点检测色度，Caliris C1200 相机采用精确匹配的 CIE-XYZ 三色滤片，精确测量每颗 LED 灯珠的亮度及色度。

（3）采用视觉均衡技术，使得屏幕蓝色和白色的显示效果更加纯正。

（4）支持修正分区之间的边界亮暗差异，使得分区之间过渡平滑。

（5）支持一键式自动校正。

（6）单次采集最大像素数为 480×330。

（7）4K 显示屏可一次校正完成。

### 2. CIE-XYZ 三色滤片

常规数码相机出于成本的考虑，通常使用简易的 Bayer 滤片。图 2-3-4（a）所示为典型 Bayer 滤片在红、绿、蓝三色光源下的光谱特性，图 2-3-4（b）所示为人眼感知红、绿、蓝的光谱特性，对比这两张图可以发现，两者存在显著的差异，这也就直接导致了使用相机采集的色彩与人眼观察到的色彩会有一定的差异。同时 Bayer 滤片光谱不稳定，还存在过渡不平滑的问题，这会导致严重的光谱测量误差。在普通 LED 显示屏校正的情况下，由于点间距较大，像素点采集质量有保障，并不会对校正质量有太大影响。而在 COB 屏幕校正时，必须使用更符合人眼视觉特性的滤片。CIE-XYZ 三色滤片如图 2-3-4（c）所示。科学级相机 Caliris C1200 中配有多组转轮进行多次测量，通过该滤片采集符合人眼视觉特性的数据，使得校正后 LED 显示屏的显示效果更加贴近人眼感知效果，它的光谱特性更加符合人眼的喜好，如图 2-3-4（d）所示。

### 3. MiniLED 混光消除技术

在 MiniLED 时代，灯珠之间的点间距越来越小，物理位置越来越近，这就导致灯珠之间的光线相互串扰和图像模糊重叠等现象愈发明显。除此之外，COB 工艺中表面胶体的封装，也会对光传递中的二次反射造成影响，加剧光源干扰，降低对灯珠亮色度采集的准确性，混光产生原因如图 2-3-5 所示。

MiniLED 混光消除技术可解决以上问题。它通过特色算法对采集图像进行二次处理，可还原其自身亮度数据，并重新计算真实亮度下的校正数据。应用 MinLED

LED 显示屏校正技术

混光消除技术，可有效提升屏体的均匀性，使得显示效果更加细腻。

（a）Bayer 滤片光谱特性

（b）人眼光谱特性

（c）CIE-XYZ 三色滤片

（d）CIE-XYZ 三色滤片光谱特性

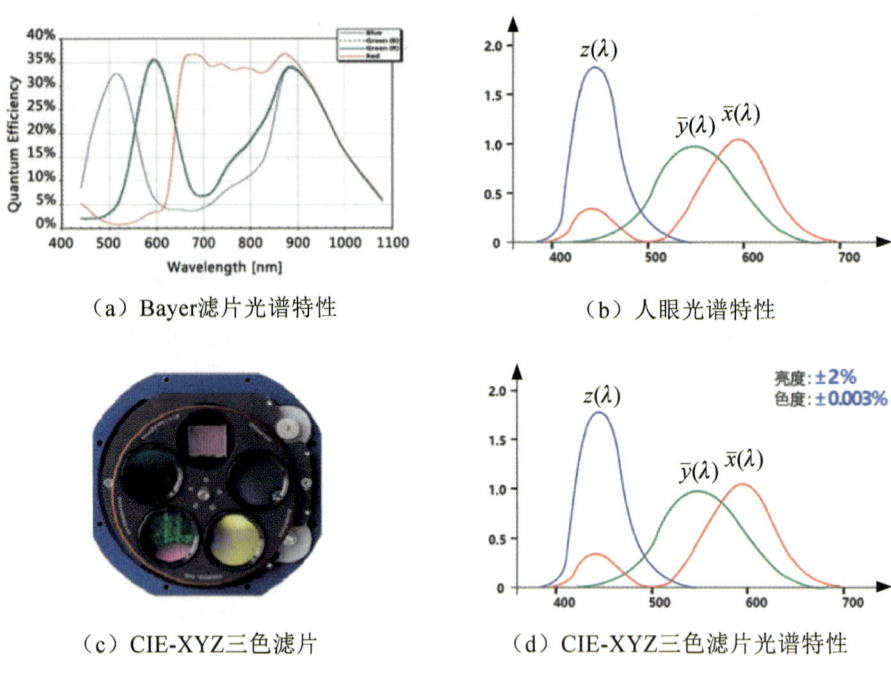

图 2-3-4　光谱特性

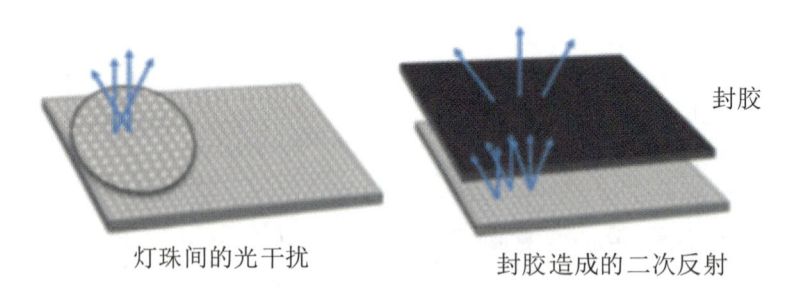

灯珠间的光干扰　　　　封胶造成的二次反射

图 2-3-5　混光产生原因

## 2.3.4　COB 校正操作步骤

COB 校正方案中用到的设备清单如表 2-3-3 所示。

表 2-3-3　COB 校正方案中用到的设备清单

| 配套设备及软件 | 版本要求 | 说明 |
| --- | --- | --- |
| CalCube MiniLED | V1.0 及以上 | 校正软件 |
| NovaLCT | V5.3.0 及以上 | 控制软件 |
| Caliris C1200 |  | 科学级 CCD 相机<br>镜头：尼克尔 AF-S 28-300mm f/3.5-5.6G ED VR |
| 三脚架 | 曼富图 190 系列<br>曼富图 410 云台 |  |

第 2 章　全屏校正方案

> **小课堂**
>
> 尼克尔 AF-S 28-300mm f/3.5-5.6G ED VR 是一款长焦端为 28～300mm 的变焦镜头，适用于箱体校正、远距离大屏校正等技术场合。

COB 校正方案的系统架构和全屏校正系统架构相似，可分为单机校正和联机校正两种，不同点是使用了不同的相机和校正软件。

COB 校正操作步骤如下。

### 1．相机摆放位置

在校正过程中，COB 校正使用的 Caliris C1200 相机建议正对 LED 显示屏校正区域。相机与 LED 显示屏屏体垂直，角度误差建议在 5°以内。所以在校正时，需要上下左右平移相机。平移过程中可使用升降台等设备辅助操作，以确保相机参数不变，相机和屏幕距离不变。校正 MiniLED 显示屏时，由于屏体自身亮度不高于 1000nit，所以建议校正距离为 4～6m，相机摆放位置如图 2-3-6 所示。

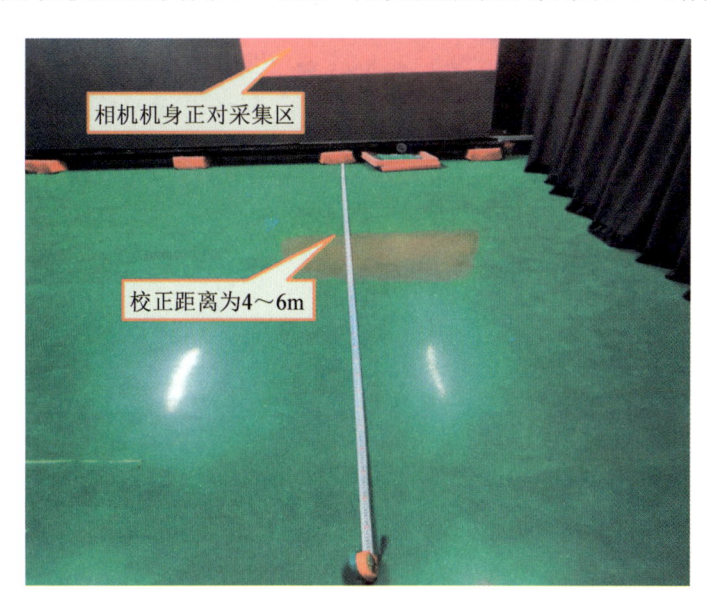

图 2-3-6　相机摆放位置

### 2．相机参数设置

Caliris C1200 相机在校正时需要调节如下参数，相机参数调节如图 2-3-7 所示。

（1）光圈，用来控制光线透过镜头，进入机身内的感光量。

（2）微焦，用来调节灯点清晰度。

（3）焦距，用来调节采集区域大小。

# LED 显示屏校正技术

图 2-3-7 相机参数调节

在实际操作中，可根据表 2-3-4 中推荐的经验值进行设置。

表 2-3-4 相机推荐参数

| 隔点数 | 单次采集分辨率 | 相机与屏幕的距离 | 相机仰（俯）角 | 相机与屏幕的夹角 | 相机光圈 | 成像面积（红色） | 饱和度（红、绿、蓝） |
|---|---|---|---|---|---|---|---|
| 1×1 | 384×256≤$x$≤480×330 | 4m | 0°～5° | 0°～5° | StarValue+Δ2 | [75,90] | [75,85] |
|  | 240×180≤$x$<384×256 |  |  |  | StarValue+Δ2 | [75,90] |  |
|  | $x$<240×180 |  |  |  | StarValue+Δ1 | [65,80] |  |
| 2×2 | 384×256≤$x$≤480×330 | 4m | 0°～5° | 0°～5° | StarValue+Δ2 | [75,90] | [75,85] |
|  | 240×180≤$x$<384×256 |  |  |  | StarValue+Δ1 | [75,90] |  |
|  | $x$<240×180 |  |  |  | StarValue+Δ1 | [65,80] |  |
| 3×3 | 384×256≤$x$≤480×330 | 4m |  |  | StarValue+Δ1 | — | [75,85] |
|  | 240×180≤$x$<384×256 |  |  |  | StarValue+Δ1 | [65,80] |  |
|  | $x$<240×180 |  |  |  | StarValue+Δ2 | [65,80] |  |
| 4×4 | 384×256≤$x$≤480×330 | 6m |  |  | StarValue+Δ1 | [65,80] | [75,85] |
|  | 240×180≤$x$<384×256 | 6m |  |  | StarValue+Δ1 | [65,80] |  |
|  | $x$<240×180 | 5m |  |  | StarValue+Δ1 | [65,80] |  |
| 5×5 | 384×256≤$x$≤480×330 | 6m |  |  | StarValue+Δ1 | [65,80] | [75,85] |
|  | 240×180≤$x$<384×256 | 6m |  |  | StarValue+Δ1 | [65,80] |  |
|  | $x$<240×180 | 6m |  |  | StarValue+Δ1 | [65,80] |  |
| 6×6 | 384×256≤$x$≤480×330 | — |  |  | StarValue+Δ1 | — | [75,85] |
|  | 240×180≤$x$<384×256 | 6m |  |  | StarValue+Δ1 | [65,80] |  |
|  | $x$<240×180 | 6m |  |  | StarValue+Δ1 | [65,80] |  |

### 3. 校正软件设置

（1）添加授权文件。连接系统后，单击"打开文件"图标，在"打开授权文件"界面，选择相应的加密狗文件，在校正界面添加文件，单击"确认"按钮完成添加，如图 2-3-8 所示。

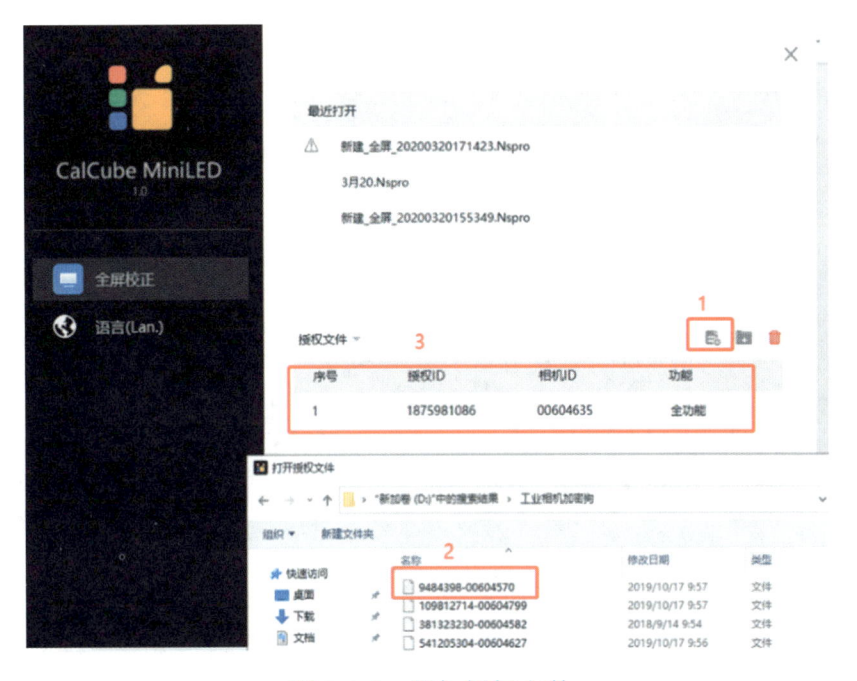

图 2-3-8　添加授权文件

（2）新建数据库。单击"新建"按钮，打开"项目"对话框，填写"项目名称""路径"等，勾选"灯板规格一致"复选框，设置"灯板宽度""灯板高度"（需填写实际灯板的点数），在"屏体类型"选区，选择 LED 显示屏的具体类型，最后单击"确认"按钮完成数据库的建立，如图 2-3-9 所示。

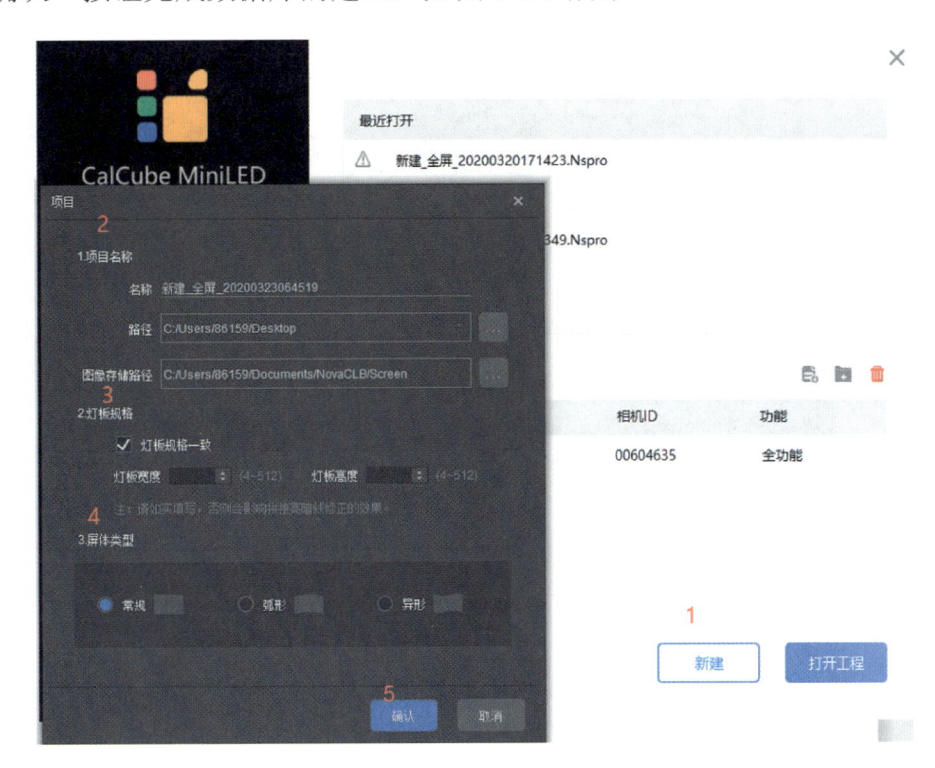

图 2-3-9　新建数据库

LED 显示屏校正技术

（3）建立连接。在"控制系统"设置区，设置"IP""Port""屏体模式""屏体大小"等，以建立 CalCube MiniLED 软件和 NovaLCT 软件的数据通信。在"相机"设置区，选择相机类型，单击"连接"按钮完成设置。在"色度计"设置区，如果携带色度计，请勾选"携带色度计"复选框并设置色度计型号和 COM 端口，单击"连接"按钮完成设置，如图 2-3-10 所示。如果不携带色度计可不用设置。

图 2-3-10　建立连接

（4）设置目标值。在"原始值"设置区，设置"原始值"，选择相应的"校正模式"。然后依次设置"目标值"和"色域图"，如图 2-3-11 所示。

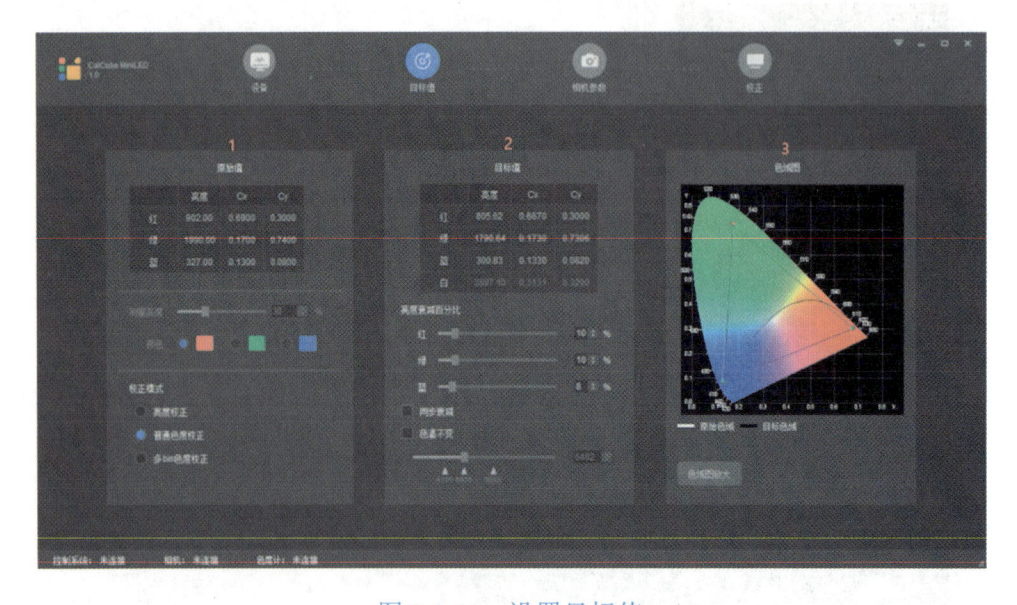

图 2-3-11　设置目标值

（5）设置相机参数。按照如表 2-3-4 所示的数据，设置相机的相关参数，设置完毕后，相机采集到的灯点应清晰、独立，且边缘模糊。设置相机参数如图 2-3-12 所示。

图 2-3-12 设置相机参数

（6）启动分区校正。单击"启动校正"按钮，开始全自动校正过程，如图 2-3-13 所示。如果软件提示需要二次校正，请根据软件提示再次进行相机参数调节。

（7）完成一个分区后，平移相机至正对下一个分区，重复步骤（6）直至完成全部分区，然后单击"边界修正"按钮和"上传校正系数"按钮，保存数据，完成校正。

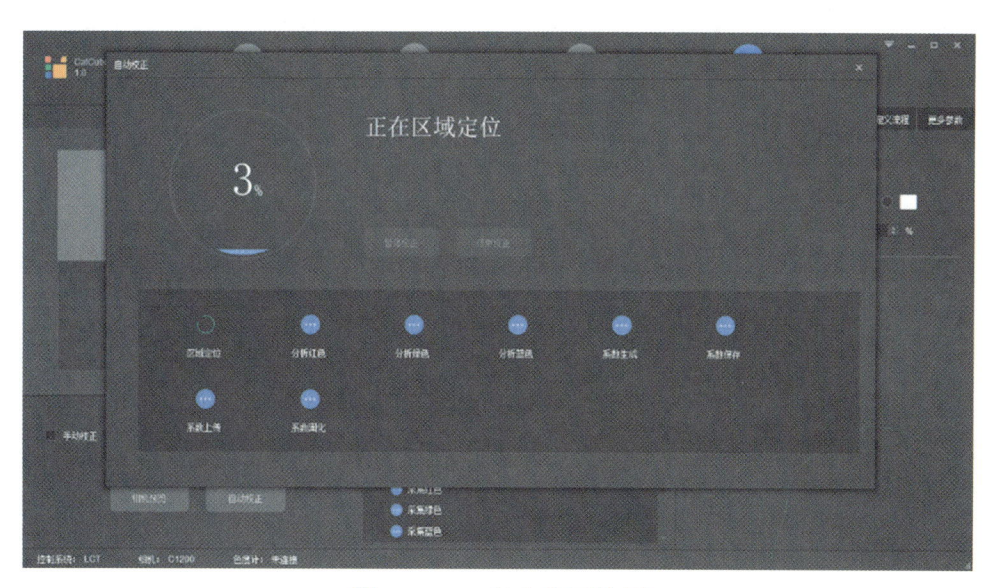

图 2-3-13 启动分区校正

## 2.3.5 注意事项

### 1. 科学级相机调节过程中的注意事项

（1）在调整相机使其对准某一个分区的过程中，需控制相机自身的仰（俯）角为 0°～5°。

（2）首次校正时，将微焦刻度设为 4（仅限于 18～300 焦段变焦镜头），光圈设置为 6。使用自动调节功能分析红色成像面积值，若红色成像面积值未在要求范围内，则需重复调节微焦，然后使用自动调节功能分析绿色、蓝色成像面积值。基本上若红色成像面积值已调至要求的范围内，则绿、蓝灯点也会符合高质量灯点要求。

（3）分别观察红、绿、蓝的饱和度值，若饱和度值不在要求范围内，则需适当调大打屏亮度或延长曝光时间，使其满足要求。

（4）在开始调节相机参数时，采集屏体区域大于定位红框，图像放大 800 倍。微焦从刻度 4 开始调节，先调好饱和度，再调节成像大小至合适的灯点图像，使其清晰且不相连。合适的灯点图像如图 2-3-14 所示。

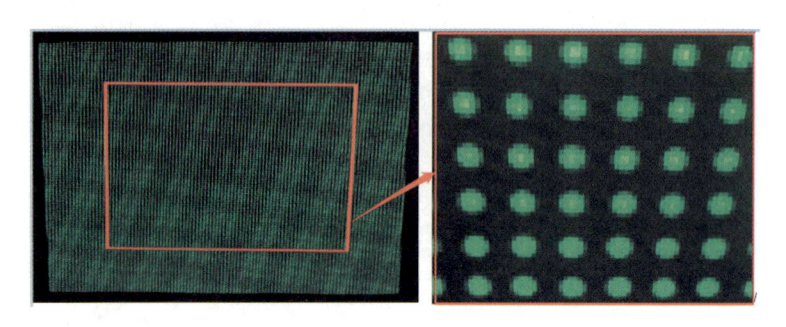

图 2-3-14　合适的灯点图像

### 2. 其他注意事项

（1）校正环境应保持恒温、恒湿，无环境光干扰。

（2）COB 校正尽量采取大分区校正（单次采集 1920×1080 像素点），以提高校正效率。

（3）COB 校正计算机配置，建议显卡支持 HDMI2.0，DP1.2 独显，内存 8GB 以上。

（4）COB 超大屏校正，计算机内存不小于 8GB，消除边际需要备份数据库。

（5）COB 校正相机角度偏差建议不大于±5°。

## 2.3.6　典型案例分析

### 1. 高精度 COB 校正效果

（1）项目背景：某公司会议一体机，箱体使用 COB 工艺。

（2）使用设备。

① 接收卡：32 张 A8S 接收卡。

② 发送卡：4 张 MCTRL600 发送卡。

③ 相机：科学级 CCD 相机 Caliris C1200。

④ 软件：CalCube MiniLED 校正软件。

（3）项目难点：该项目是会议一体机，且由于 COB 封装存在色块现象严重、多批次现象明显等缺陷，但客户需要播放 PPT、Word、Excel 等文件，对单色一致性要求比较高。使用高精度校正软件校正后，LED 显示屏的一致性得到了很大改善，能充分满足日常文件、视频的播放要求。

（4）校正结果：白色效果对比图如图 2-3-15 所示，播放视频效果对比图如图 2-3-16 所示。

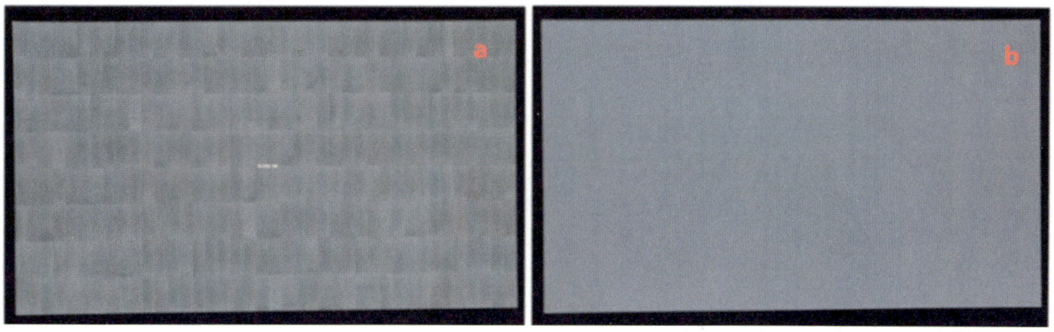

（a）校正前　　　　　　　　　　（b）校正后

图 2-3-15　白色效果对比图

（a）校正前　　　　　　　　　　（b）校正后

图 2-3-16　播放视频效果对比图

2．COB 超大屏校正案例

（1）项目背景：某客户 8K 屏发布会。

（2）使用设备。

① 接收卡：512 张 A8S 接收卡。

② 发送卡：16 张 MCTRL600 发送卡。

③ 相机：科学级 CCD 相机 Caliris C1200。

④ 软件：CalCube MiniLED 校正软件。

（3）项目难点：客户的待校 LED 显示屏属于超大屏，使用了 16 台控制器，若使用单台控制器进行多次分区校正，会出现发送卡之间的过渡问题。

（4）解决方案：科学级相机高精度校正方案如图 2-3-17 所示。

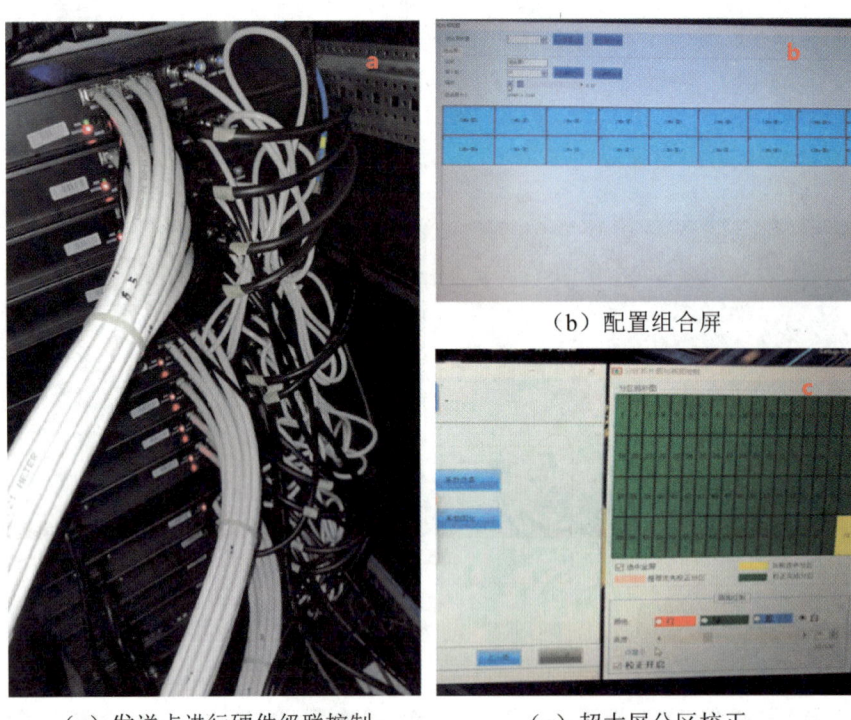

（a）发送卡进行硬件级联控制　　（b）配置组合屏　　（c）超大屏分区校正

图 2-3-17　科学级相机高精度校正方案

（5）校正结果：校正效果对比图如图 2-3-18 所示。

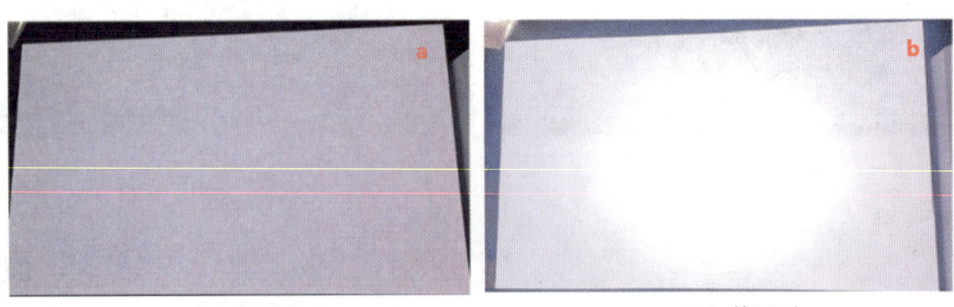

（a）校正前　　（b）校正后

图 2-3-18　校正效果对比图

## 2.4 高精度二次校正方案

### 2.4.1 高精度二次校正方案简介

随着 LED 显示屏行业的发展，LED 显示屏已实现 0.2～0.9mm 的点间距，COB 封装技术虽然有着防撞抗压、防潮防水、视角更广等优势，但其劣势也十分明显，如单元板色度差异较大、低灰偏色等问题。这些问题虽然可以通过 COB 校正技术得到很大改善，但对于单元板本身批次差异较大、亮色度均一性不佳的屏体来说，很难通过一次校正就达到满意的显示效果，这时就需要使用另一种高精度校正方案。

多批次箱体的特点是除亮度差异外还有色度差异，所以高精度二次校正方案采用了两次校正操作，第一次先进行亮度校正，然后在亮度校正的基础上进行色度校正。经二次校正后，LED 显示屏的显示效果与传统校正方式相比，效果有很大改善。

高精度二次校正方案用到的设备清单如表 2-4-1 所示，高精度二次校正方案的系统构架与全屏校正系统架构相同。

表 2-4-1 高精度二次校正方案用到的设备清单

| 配套设备及软件 | 版本要求 |
| --- | --- |
| NovaCLB-Screen | V5.1.1 CTM1.0.08311 |
| NovaLCT | V5.2.0beta6 及以上 |
| 科学级 CCD 相机 | Caliris C1200 |

### 2.4.2 高精度二次校正操作步骤

在高精度二次校正操作中，先将多批次箱体搭成整屏，其余校正前准备操作和普通屏幕校正相同，然后按如下步骤操作即可。

#### 1. 软件设置

（1）在全屏校正软件 NovaCLB-Screen 主界面单击"设置"按钮，在弹出的对话框中单击"目标值设置"选项卡，单击"多 bin 色度校正"单选按钮。在"更改目标值"选区，单击"辅助工具"按钮，在弹出的对话框中分别设置红色、绿色、蓝色的亮度衰减比例，如图 2-4-1 所示。也可以勾选"启用色温"复选框，

### LED 显示屏校正技术

并设置色温值为 6500K，如图 2-4-2 所示。需要注意的是，两种亮度调节方法只能选择其中一种使用。

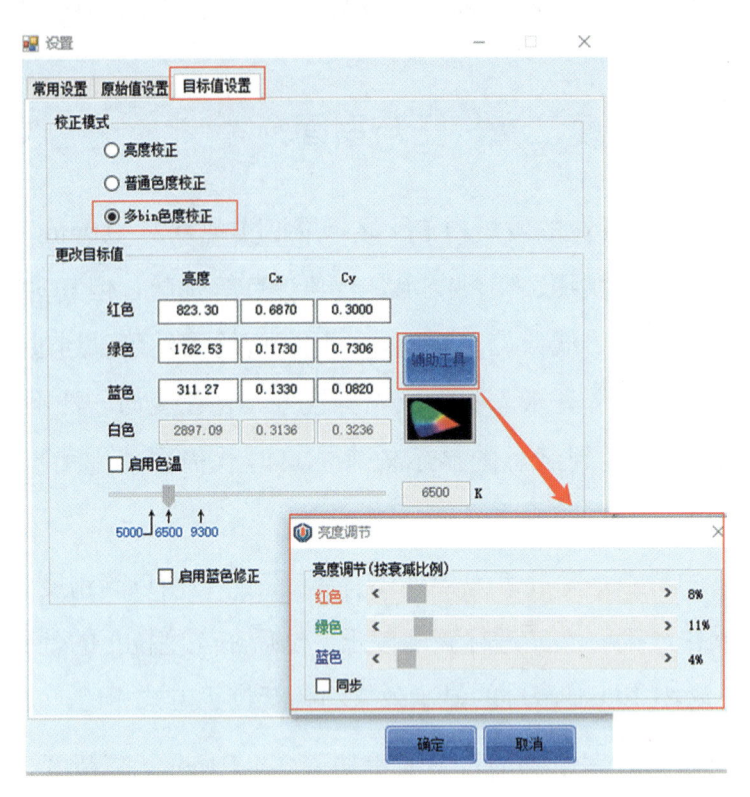

图 2-4-1　设置亮度衰减比例

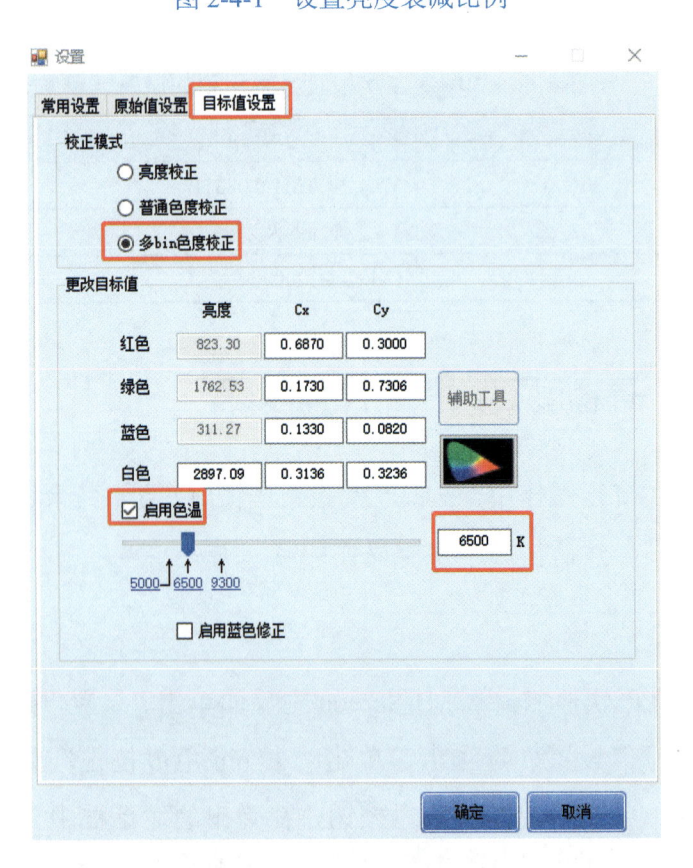

图 2-4-2　启用色温调节

## 2. 相机设置

（1）多 bin 相机参数调节。在高精度二次校正时，打屏亮度、曝光时间与饱和度成正相关，可通过调节打屏亮度与曝光时间，来改变饱和度，从而将成像大小调至合适值。饱和度一般为 70～80、成像大小为 60～90 较为合适。

> **小课堂**
>
> 在设置相机参数时，可能会遇到红色和绿色成像大小、饱和度合适，但蓝色成像偏大或饱和度偏高的问题，或蓝色和绿色成像大小、饱和度合适，但红色成像大小偏小或饱和度偏高的问题。这时，我们可以改变隔点数重新分析，或者移动相机，改变相机至 LED 显示屏的距离，再重新分析。

（2）多 bin 校正参数调节。在多 bin 校正参数调节时，需要特别注意的是，这一步是在亮度校正的基础上进行的，所以打屏亮度会根据亮度衰减的设定值进行分析。多 bin 校正参数调节如图 2-4-3 所示。多 bin 校正时，两次校正亮度损失为叠加状态。如果在上一步普通亮度校正的设置选项中，设置衰减了 30% 的亮度，打屏亮度为 100%，则显示屏亮度会降到最大亮度的 70%。在此基础上，如果设置多 bin 校正参数亮度值为 80%，则分析后最终显示屏亮度衰减至最大亮度的 56% 左右。

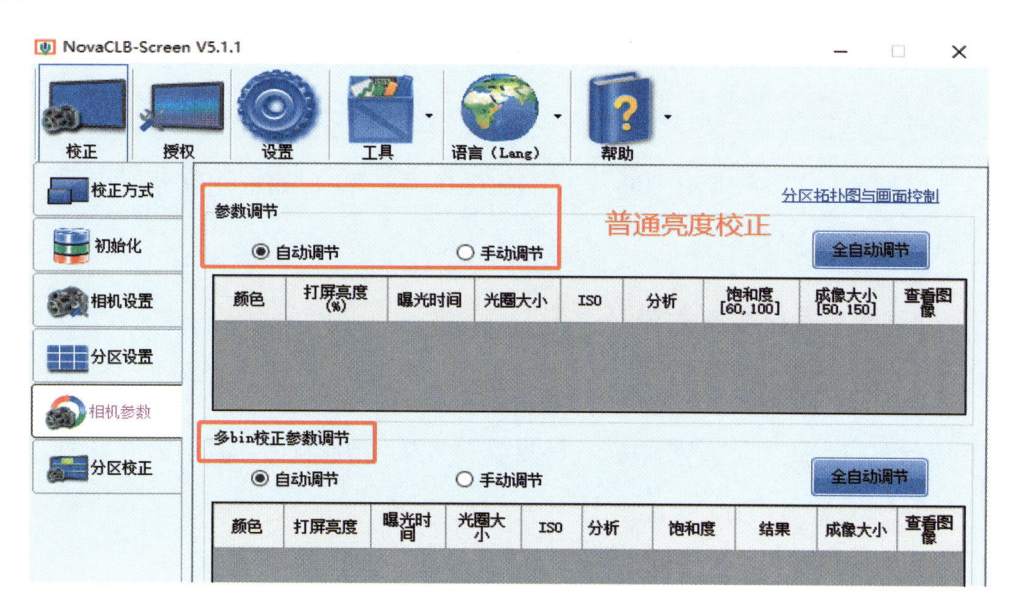

图 2-4-3　多 bin 校正参数调节

接下来的操作步骤和主线版本没有区别，调好参数进行校正即可。

## 2.5 超大屏校正方案

### 2.5.1 超大屏校正方案简介

随着 LED 显示屏的尺寸越来越大，几百上千平方的显示屏已经屡见不鲜。受制于控制器单台带载的限制，在校正超大型 LED 显示屏时，往往需要对多台控制器分别进行校正，但是多次校正后会存在以下两个问题。

- 校正的分屏边缘会出现亮线，需要二次处理。
- 需要多次连接，移动设备操作复杂。

传统校正方案已经无力解决这种超大屏的校正问题，急需一种新的、能够一次校正超大屏的解决方案，由此级联校正方案应运而生。

#### 1. 视频分配器校正方案

使用视频分配器把一路视频信号分成多路复制的视频信号，校正软件控制视频信号和通信信号，以实现分区的打屏和系数上传。理论上，所有视频分配器均可满足此方案使用要求，我们更推荐使用 HDMI1 分 4 视频分配器。

此方案是通用方案，对所有控制器型号通用。

#### 2. 控制器打屏校正方案

校正软件发出信号对控制器进行控制，以实现分区打屏功能。此方案不需要额外设备，但目前只有 MCTRL600、MCTRL660、MCTRL1600 可实现此功能，其余型号设备还在陆续研发中。

#### 3. 分屏数据融合校正方案

校正分屏时使相邻分屏重合一部分，利用分屏融合算法实现校正后分屏间显示效果平滑一致。此方案需要改线，且只支持左右分屏融合，但不需要额外增加设备，不受发送卡型号限制。

### 2.5.2 视频分配器校正方案

视频分配器校正方案用到的软件如表 2-5-1 所示。

表 2-5-1　视频分配器校正方案用到的软件

| 软件 | 版本要求 |
| --- | --- |
| NovaCLB-Screen | V5.1.1 及以上 |
| NovaLCT | V5.2.0beta6 及以上 |

视频分配器校正方案的系统架构需注意以下事项。

（1）控制器通信口连接方式可分为单串口级联及多串口连接，单串口级联如图 2-5-1 所示，多串口连接如图 2-5-2 所示。

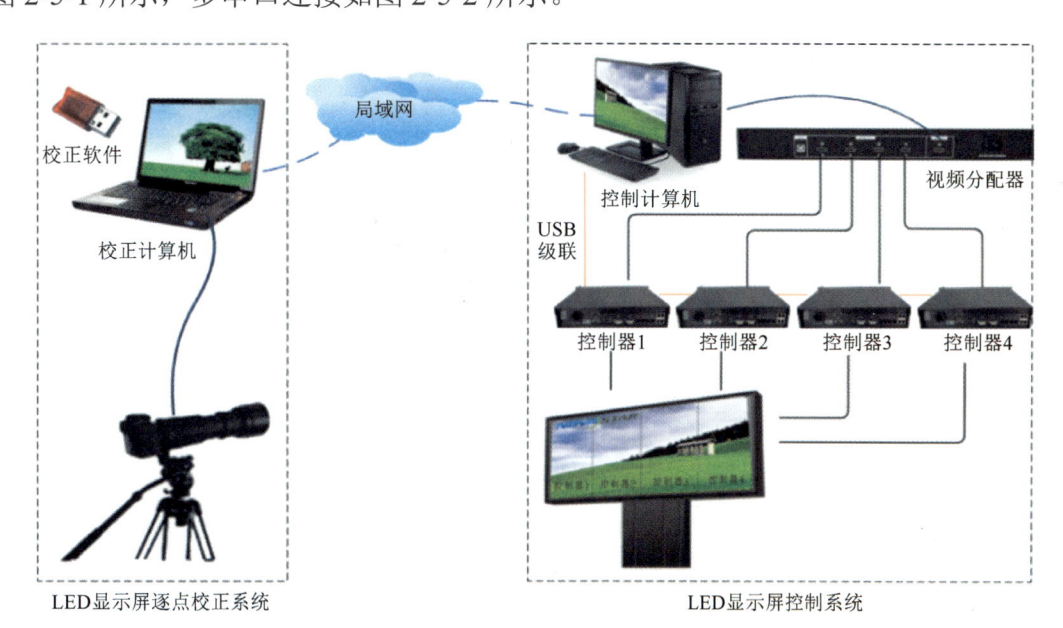

图 2-5-1　单串口级联

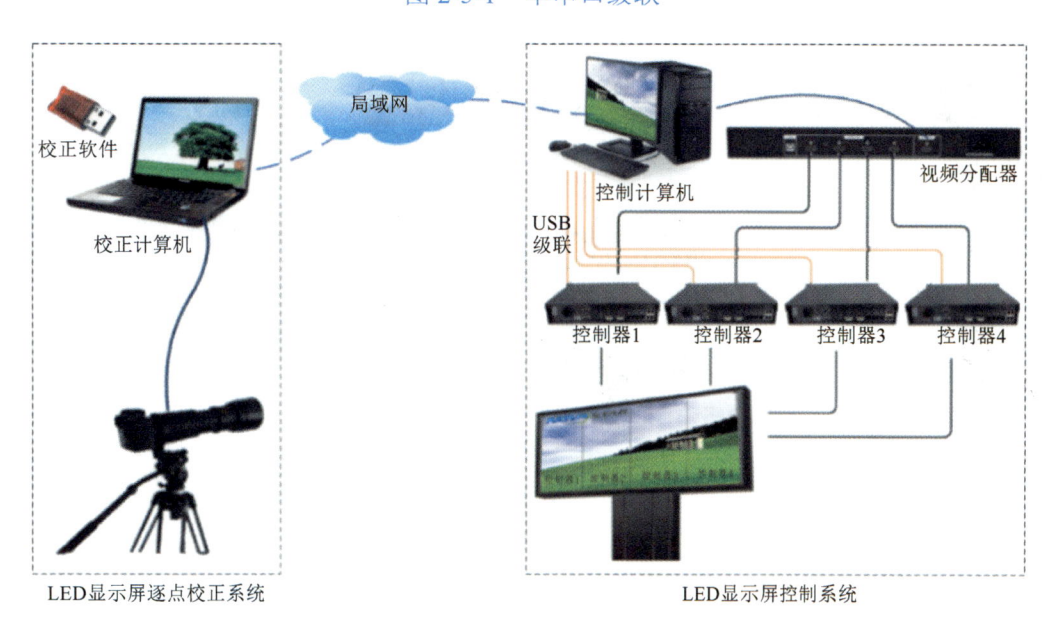

图 2-5-2　多串口连接

（2）一般情况下，视频分配器的输出口与控制器数量一致，视频分配器的各输出口图像为复制关系，无连接顺序要求。

（3）当控制器超过 4 台时，一般需要使用多台 HDMI1 分 4 视频分配器组合使用，最多支持组合 2 层分配器，即最大连接 16 台控制器，视频分配器连接图如图 2-5-3 所示。

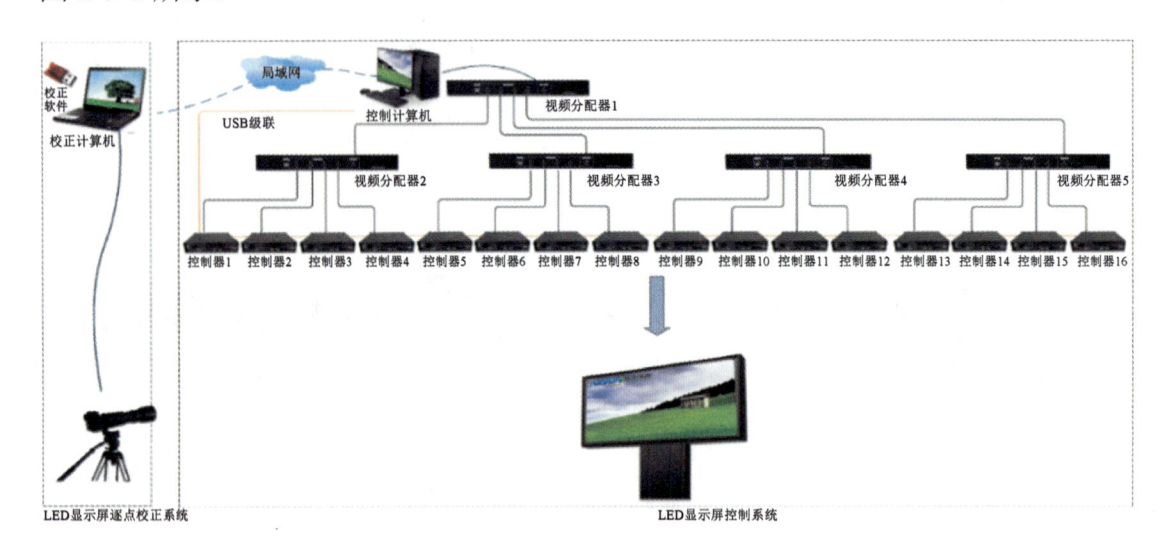

图 2-5-3　视频分配器连接图

（4）当 HDMI1 分 4 视频分配器视频输出口不足时，校正到哪个分区就把 HDMI 线拔插到带载此分区所在的控制器，点亮此分区，直至校正完整屏。视频分配器不足如图 2-5-4 所示，分三次点亮不同控制器带载的区域进行校正，使用了不同颜色的线条表示三次点亮的 HDMI 线拔插动作。

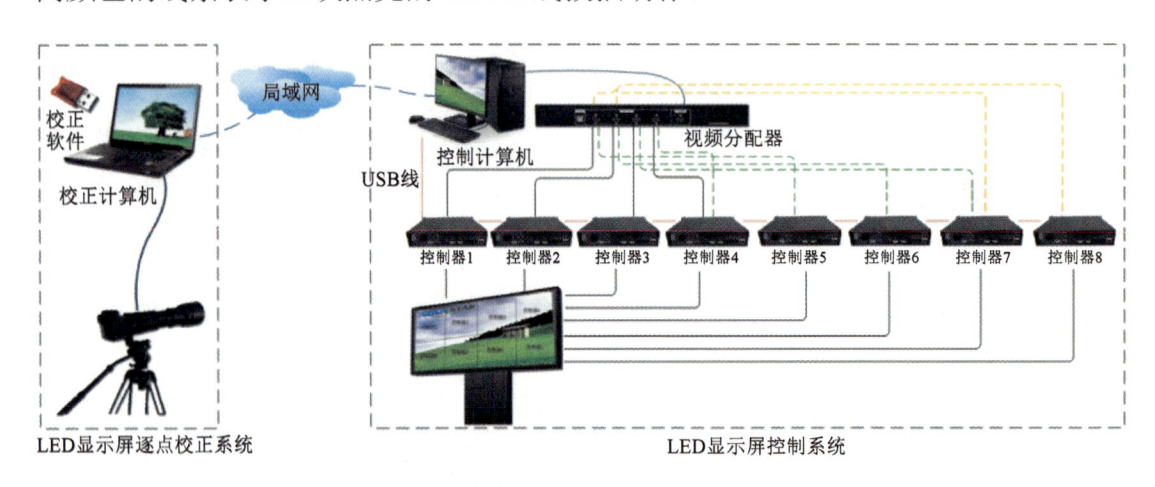

图 2-5-4　视频分配器不足

### 1. 组合屏配置

组合屏配置的前提条件有两点：一是控制计算机的显卡输出分辨率必须大于或等于所有控制器分别带载的显示屏中最大的分辨率；二是视频分配器的输出分

辨率、控制计算机的显卡输出分辨率、控制器的输出分辨率需保持一致。

组合屏配置的步骤如下。

1）各显示屏连接

（1）逐一配置所有显示屏。

（2）单击"显示屏配置"按钮，进入显示屏配置选择界面。

（3）单击"下一步"按钮或选择不同的通信口进入显示屏配置界面。

（4）单击"显示屏连接"按钮，进入如图 2-5-5 所示的显示屏连接界面。

（5）根据当前通信口连接的发送设备数量设置显示屏数量，并单击"配置"按钮。

（6）选择"屏 1"和屏 1 对应的发送卡（如发送卡 1），并设置显示屏各箱体大小及箱体之间的走线方式。

（7）分别在"接收卡列数""接收卡行数"中设置当前发送卡所带载的所有箱体的行列数。

（8）根据显示屏的走线方式绘制发送卡的各输出口与箱体之间的连接关系。步骤（5）～步骤（8）如图 2-5-5 所示。

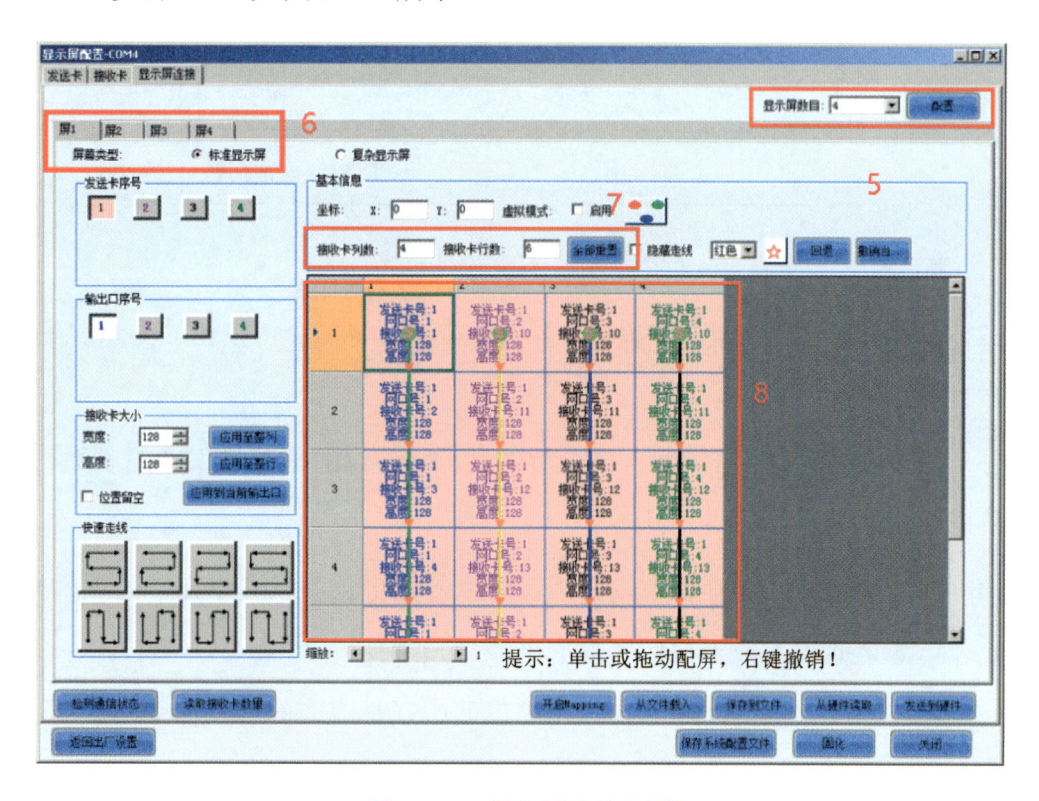

图 2-5-5　显示屏连接界面

（9）参照步骤（6）~步骤（8）分别配置"屏2""屏3""屏4"。

（10）所有屏体配置完成后，单击"发送到硬件"将屏体配置信息发送到发送卡。

（11）单击"固化"按钮将屏体配置信息保存在发送卡中。

2）组合屏配置

（1）在 NovaLCT 软件主界面选择"设置"→"多屏管理"命令，进入组合屏配置界面，如图 2-5-6 所示。

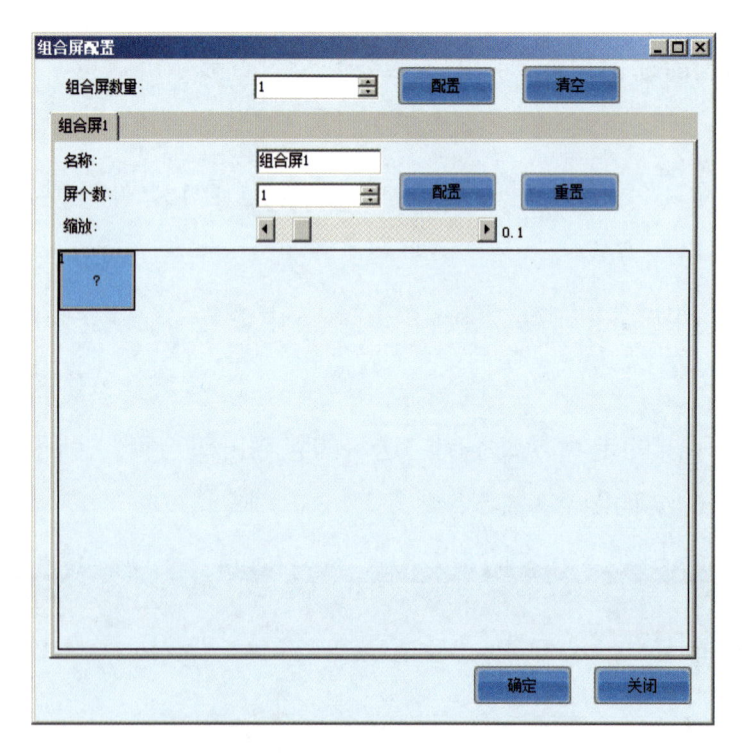

图 2-5-6　组合屏配置界面 1

（2）设置"组合屏数量"并单击"配置"按钮，将多个待校正的显示屏配置成一个组合屏。

（3）在"名称"文本框中输入组合屏的名称，建议给出容易识别的名称，如包含屏幕的方位、功能、屏幕尺寸等。

（4）在"屏个数"选择框中设置当前组合屏的屏体数，并单击"配置"按钮，界面下方的空白区域会显示当前配置的屏体。

（5）单击窗口中的屏体，并在弹出的界面中选择对应的屏，如图 2-5-7 所示。

（6）利用鼠标拖动单个屏体，完成屏体组合。需要注意的是，配置组合屏的每两个屏体之间不能留有空白或重叠区域，如图 2-5-8 所示。

第 2 章 全屏校正方案

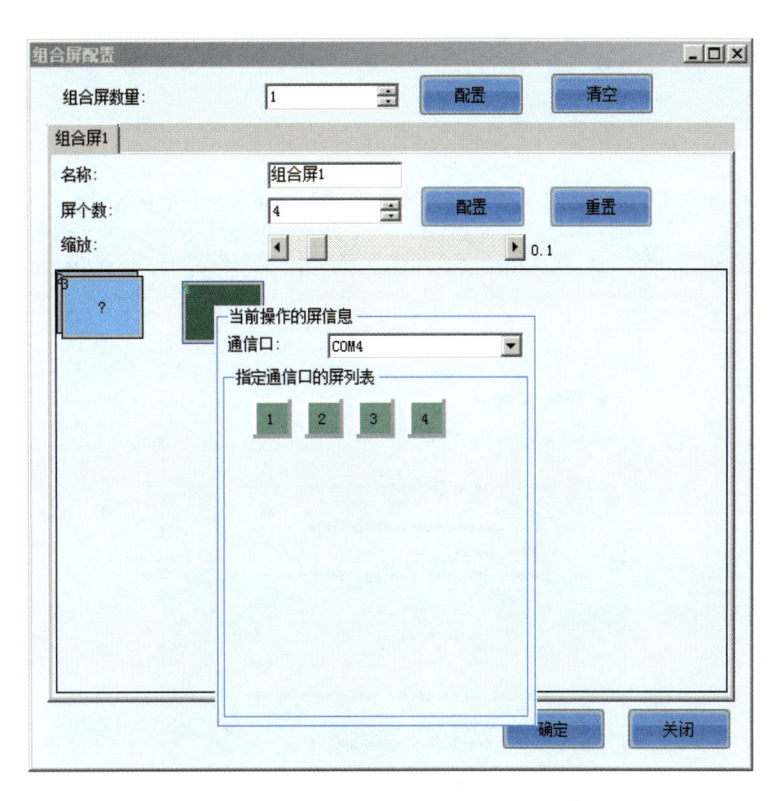

图 2-5-7 组合屏配置界面 2

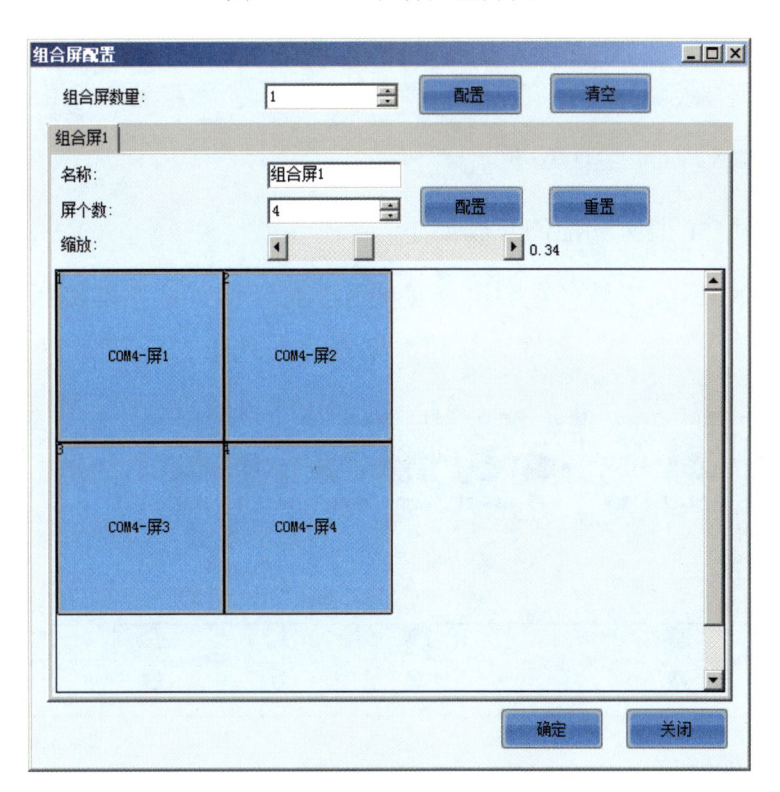

图 2-5-8 组合屏配置界面 3

小课堂

屏体连接后，可以拖动"缩放"滑块，放大屏体，检查屏体之间是否有缝隙，

### LED 显示屏校正技术

> 若有缝隙，则需要修改屏体位置。

在计算机桌面右下角，右击状态栏中的"Mars Server Provider"图标，选择"Detect Config"命令，进入 Detect Config 界面。取消勾选"Auto detect controller"复选框，如图 2-5-9 所示。

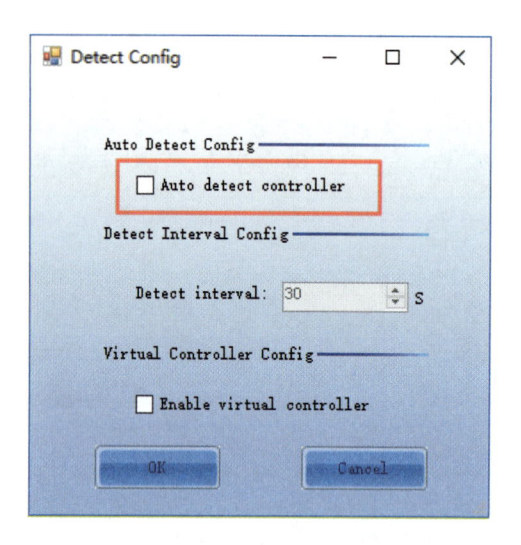

图 2-5-9　Detect Config 界面

#### 2. 启动 NovaLCT 监听功能

启动 NovaLCT 监听功能的步骤如下。

（1）单击 NovaLCT 软件主界面（见图 2-5-10）的"校正"按钮，打开显示屏校正界面。

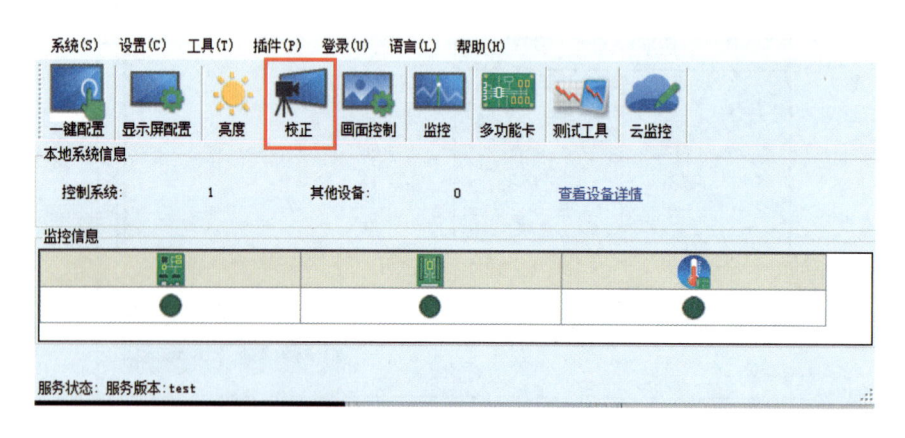

图 2-5-10　NovaLCT 软件主界面

（2）单击显示屏校正界面左上角的"组合屏模式"选项卡，打开组合屏选项，选择已配置的组合屏名称。

（3）组合屏模式下，勾选"启用信号源打屏"复选框，设置"硬件响应时长"，硬件响应时长为多个控制器带载的屏体之间打屏画面所隔时长。联机校正界面如图 2-5-11 所示。需要注意的是，若通信信息提示启动网络监听成功，则 LCT 端监听设置成功；如果通信信息提示监听失败，则更改端口号尝试"重新监听"。

图 2-5-11　联机校正界面

### 3．校正软件设置

组合屏配置完成并确定相机摆放位置后，就可以启动超大屏校正。

（1）打开 NovaCLB-Screen 软件主界面，在"校正方式"中选择"整屏逐点校正"，单击"下一步"按钮进入初始化界面。

（2）在初始化界面中，填写控制计算机的"IP"和"端口"，单击"连接"按钮。

（3）连接成功后，检查和输入"灯板信息"。将"屏体模式"设置为"组合屏模式"。在"选择显示屏"下拉列表中选择已配置的组合屏的名称。在"屏体分辨率"文本框中查看当前组合屏的分辨率。当组成大屏的灯板规格一致时，勾选"灯板大小一致"复选框，并填写宽度和高度；当组成大屏的灯板规格不一致时，不勾选此项，由校正系统自行计算处理。

（4）后续校正过程和全屏校正流程相同。

### 2.5.3 控制器打屏校正方案

#### 1. 控制器打屏校正方案简介

控制器打屏校正方案用到的软件如表 2-5-2 所示。

表 2-5-2 控制器打屏校正方案用到的软件

| 软件 | 版本要求 |
| --- | --- |
| NovaCLB-Screen | V5.1.1 及以上 |
| NovaLCT | V5.2.0beta6 及以上 |
| MCTRL600 | V4.7.6.0 及以上 |
| MCTRL660 | V4.7.2.0 及以上 |
| MCTRL1600 | V1.0.3.0 及以上 |

多台控制器通过串口线级联，视频信号线只连接一台控制器，如图 2-5-12 所示。

控制器打屏校正方案的组合屏配置与视频分配器校正方案的组合屏配置一致，在此不再赘述。

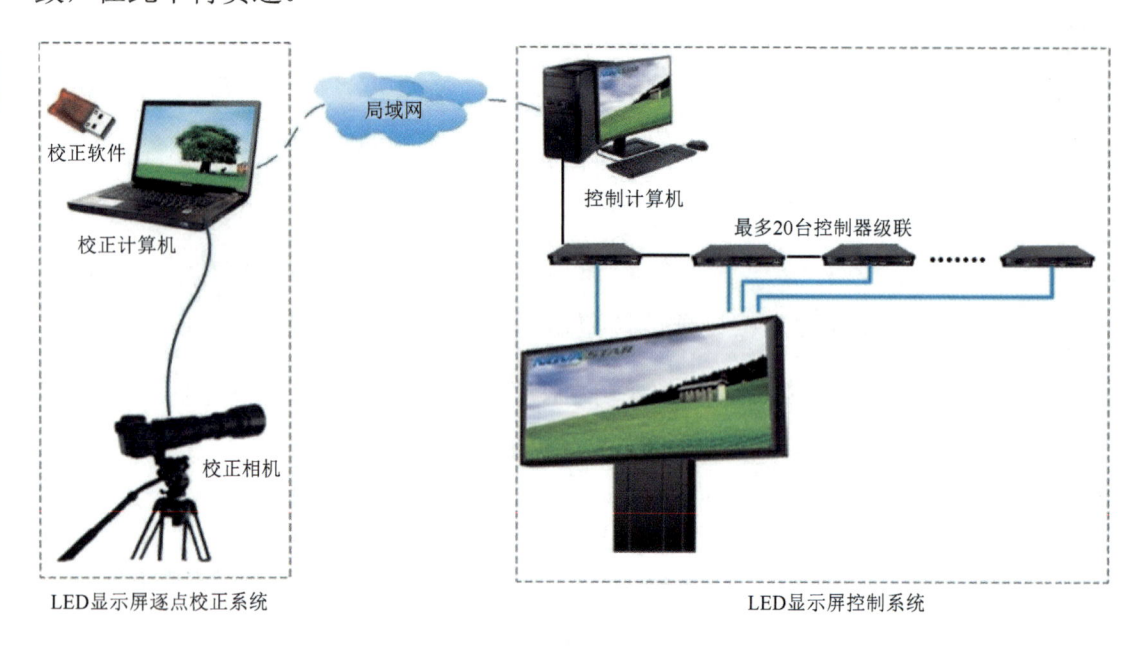

图 2-5-12 控制器打屏校正方案的系统架构

#### 2. 控制器打屏校正方案软件设置

1）启动 NovaLCT 监听功能

（1）单击 NovaLCT 软件主界面的"校正"按钮，打开显示屏校正界面，单击"组合屏模式"选项卡，打开组合屏选项，选择已配置的组合屏名称。

（2）组合屏模式下，不勾选"启用信号源打屏"复选框，如图 2-5-13 所示。

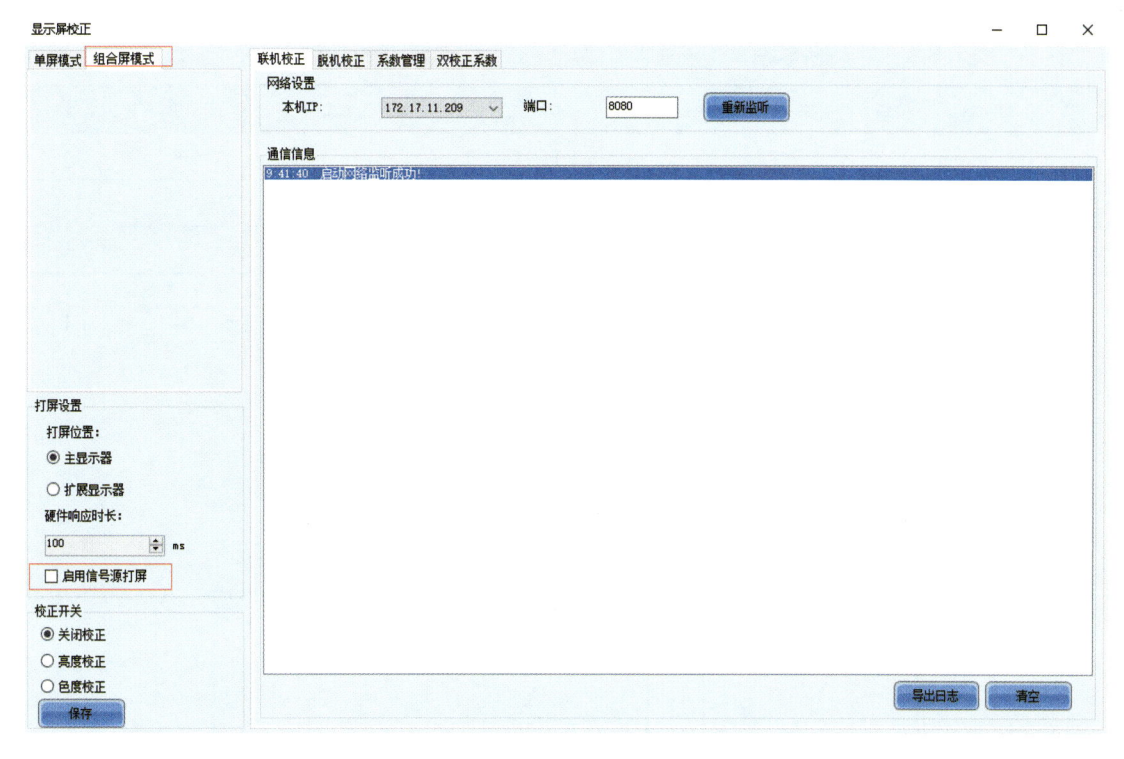

图 2-5-13　硬件打屏启动监听

2）校正软件设置

组合屏配置完成并确定相机摆放位置后，就可以启动超大屏校正。

（1）打开 NovaCLB-Screen 软件主界面，在"校正方式"中选择"整屏逐点校正"，单击"下一步"按钮进入初始化界面。

（2）在初始化界面中，填写控制计算机的"IP"和"端口"，单击"连接"按钮。

（3）连接成功后，检查和输入"灯板信息"。将"屏体模式"设置为"组合屏模式"，在"选择显示屏"下拉列表中选择已配置的组合屏的名称，在"屏体分辨率"文本框中查看当前组合屏的分辨率。当组成大屏的灯板规格一致时，勾选"灯板大小一致"复选框，并填写"宽度"和"高度"。当组成大屏的灯板规格不一致时，不勾选此项，由校正系统自行计算处理。

（4）后续校正过程和全屏校正流程相同。

## 2.5.4　分屏数据融合校正方案

### 1. 分屏数据融合校正方案简介

分屏数据融合校正方案用到的软件如表 2-5-3 所示。

# LED 显示屏校正技术

表 2-5-3　分屏数据融合校正方案用到的软件

| 软件 | 版本要求 |
| --- | --- |
| NovaCLB-Screen | V5.1.1 及以上 |
| NovaLCT | V5.2.0 以上 |
| NovaScreenDataMerge | V1.2 及以上 |

分屏校正后，分屏间往往会存在拼接线，为消除分屏间的差异，可使用分屏数据融合校正方案。此方案只支持消除左右排列的分屏间拼接线，且从左到右控制器的带载像素宽度关系符合：控制器 1=控制器 2=⋯=控制器 $n-1 \geqslant$ 控制器 $n$，分屏重合示意图如图 2-5-14 所示。

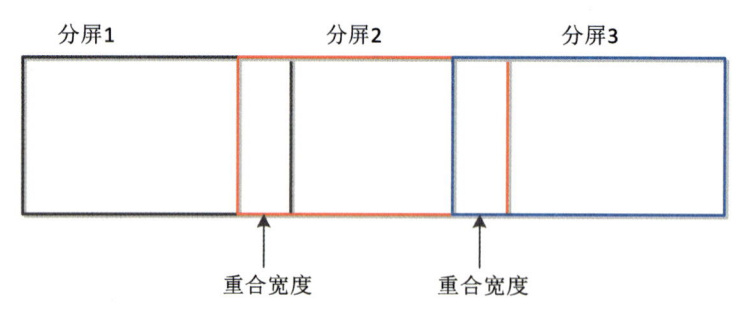

图 2-5-14　分屏重合示意图

将整屏划分为 $N$ 个分屏，图 2-5-14 展示的是 3 分屏，分屏间重合一定宽度（不少于 64 个像素点，且分屏间重合宽度一致），单独配置分屏 1、分屏 2、分屏 3，然后分别校正分屏 1、分屏 2、分屏 3，得到数据库 1、数据库 2、数据库 3。

例如，某现场使用 3 台 V900 控制器左右排列带载整屏，整屏分辨率为 3840 像素×1024 像素，箱体分辨率为 384 像素×256 像素，共 10 列 4 行箱体。控制器带载示意图如图 2-5-15 所示，V900-1、V900-2、V900-3 从左到右带载整屏，10 列网线从左到右编号为 1～10，现场 PC 只有一个 HDMI 输出口。

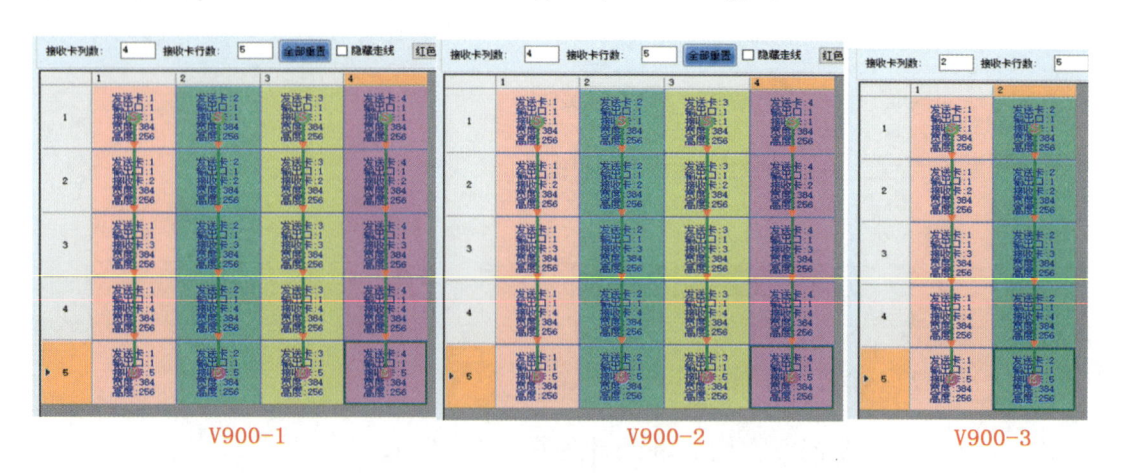

图 2-5-15　控制器带载示意图

校正方法是将整屏划分为 3 个屏幕，且 3 个屏幕之间存在 1 列网线的屏幕重合，具体操作如下。

（1）网线 1、2、3、4 配置成屏 1，单独常规校正，生成数据库 1。

（2）网线 4、5、6、7 配置成屏 2，单独常规校正，生成数据库 2。

（3）网线 7、8、9、10 配置成屏 3，单独常规校正，生成数据库 3。

2．分屏数据融合软件的使用方法

打开 NovaScreenDataMerge 软件，界面如图 2-5-16 所示，设置"分屏列数""分屏行数""整屏宽度""DVI 宽度""重合宽度"等参数，之后单击"确定"按钮。在"分屏拓扑图"中载入待融合的数据库，选择融合后的"文件夹保存路径"，单击"融合"按钮即可得到融合后的数据库。将融合后的数据库上传到 LED 屏体就完成了校正。

以图 2-5-16 中的超大屏校正案例举例，来加以说明。

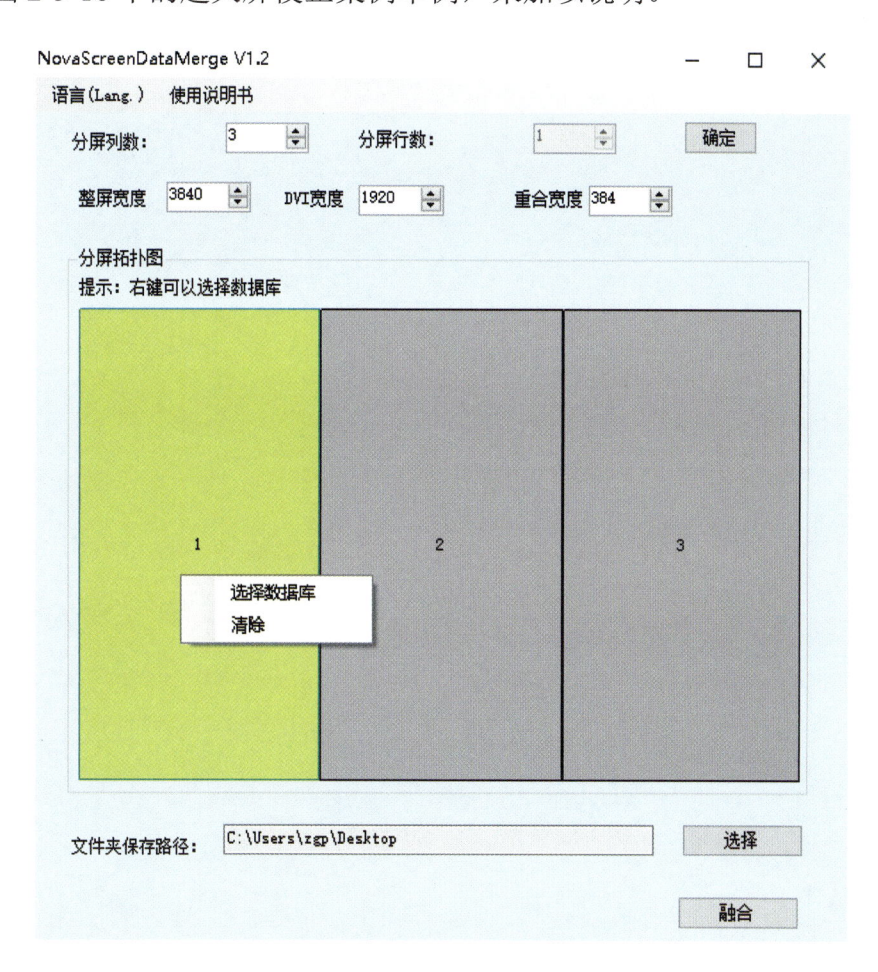

图 2-5-16　分屏数据融合软件界面

(1) 分屏列数：整屏划分的列数等于数据库的个数，案例中为 3。

(2) 整屏宽度：整个屏体的像素宽度，案例中为 3840。

(3) DVI 宽度：划分融合后数据的单位宽度，一般填单台控制器的实际带载宽度。案例中整屏宽度为 3840，将 DVI 宽度设为 384×4=1536，则融合后会生成 3 个数据库（3840/1536=2.5，小数点进一）。融合后的 3 个数据库的宽度从左到右依次为 1536、1536、768。

# 第 3 章

## 箱体校正方案

## 3.1 常规箱体校正

### 3.1.1 箱体校正技术的产生背景

在前面的章节中我们介绍了针对 LED 显示屏整屏进行亮色度校正的多种解决方案，但是在 LED 显示屏行业中还存在另一个行业难题——箱体亮色度不均一。在绝大多数租赁场景和高端固装场景中，要求 LED 显示屏必须快装快挑，所以很难有时间进行整屏校正。这种情况下就要求 LED 箱体本身就具有良好的亮色度均一性，但在应用过程中，以箱体为出货形式很难保证最终整屏显示效果的均一性。主要原因有以下三点。

（1）LED 灯珠天然具有发光不均匀性，故导致其在被封装制成 LED 显示屏后，会产生以像素点为单位的不均匀现象，也就是我们常说的麻点现象。

（2）由于箱体制作工艺的原因，模组与模组之间的缝隙大小不同，点亮箱体后会出现亮暗线现象。

（3）LED 显示屏在现场使用的频率不同，导致箱体亮色度不同。

为了解决这些问题，使每个箱体内部达到亮色度均一的效果，针对单个箱体的校正技术应运而生。

### 3.1.2 常规箱体校正系统架构

箱体校正系统解决方案是一整套关于 LED 显示屏租赁现场的解决方案和箱体校正方案，适用于常规箱体出厂前校正、旧箱体校正、租赁箱体校正等场合，能显著提升 LED 显示屏的显示均匀性。箱体校正后，可在任意位置拼接，可以保证内部模组间亮色度均一和不出现亮暗线，能显著提升 LED 显示屏的显示效果，为租赁用户带来丰厚的商业收益。

箱体校正技术多使用在租赁场合，在一些高端的固装场景也有广泛的使用，尤其是海外市场。因为与国内固装多用模组拼接不同，海外客户更倾向于使用箱体直接拼装整屏。此时，如果箱体已经经过校正处理，则工程安装后就能直接拥有很好的亮色度均一性，无须重新校正。

常规箱体校正方案的软/硬件设备清单如表 3-1-1 所示。

（1）相机。相机的主要用途是采集箱体的单色成像图像，目前推荐使用的相机型号是 Cannon 70D/7DMark II/80D。

（2）镜头。一般情况下选与 Cannon 70D 相机适配的镜头即可。因为相机与镜头的距离不会太远，故镜头的焦距以 18～200mm 为宜。

（3）三脚架。三脚架的作用是固定相机，调整相机的方向。

（4）校正软件。箱体校正配套软件名称为 NovaCLB-Cabinet。

（5）控制软件。选择 NovaLCT 软件即可。

（6）亮色度计。如果需要标定校正后的亮色度值，或者待校正箱体个体之间存在的亮色度差异，则需要用到亮色度计，可选用美能达的 CS100A 或者 CS2000 等。

表 3-1-1　常规箱体校正方案的软/硬件设备清单

| 序号 | 配套设备及软件 | 版本或型号要求 |
| --- | --- | --- |
| 1 | NovaCLB-Cabinet | V4.1.2 及以上 |
| 2 | NovaLCT | V5.2.0beta6 及以上 |
| 3 | 相机 | Cannon 70D |
|   |   | Cannon 7DMark II |
|   |   | Cannon 80D |
|   |   | Caliris C1200 |
| 4 | 亮色度计 | CS100A、CS2000 等 |

常规箱体校正系统分为单机校正和双机校正两种形式。图 3-1-1 所示为单机校正系统结构，在控制计算机上同时安装校正软件 NovaCLB-Cabinet 与控制软件 NovaLCT，计算机一端连接 LED 显示屏控制系统，负责给箱体提供显示画面；另一端通过 USB 线与相机连接，这样就可以通过 USB 线控制相机进行参数调整与图像拍摄。

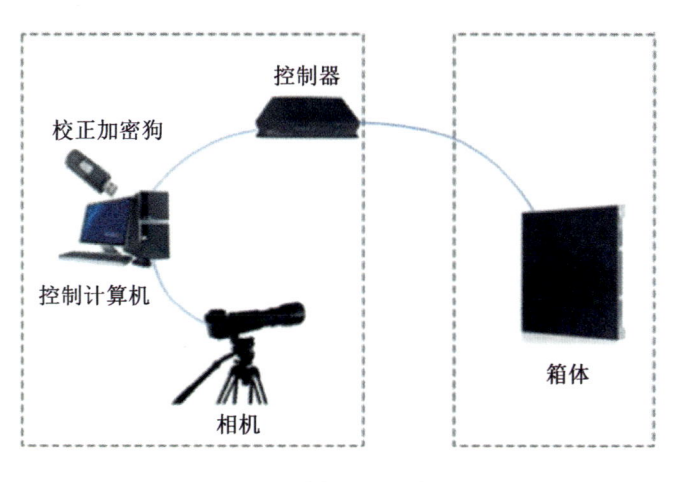

图 3-1-1　单机校正系统结构

### 3.1.3 箱体校正适用范围

#### 1. 单批次箱体的校正

单批次箱体是指工厂使用同一批次灯珠和驱动 IC 等原料，用相同的生产工艺和设备生产出来的同一批次箱体。这种类型的箱体之间亮色度平均值相同，仅存在由于灯珠波长、安装工艺等造成的箱体内部亮色度差异，故出厂前箱体间没有明显的大范围亮色度差异。

直接使用常规数码相机箱体校正或工业相机箱体校正即可解决问题。

#### 2. 两批次箱体的校正

相对于单批次箱体，两批次箱体是指工厂使用不同灯珠、驱动 IC、生产工艺和设备生产的箱体。对于两批次箱体来说，虽然性能参数可能完全一样，但由于原料、生产工艺不同等原因有可能会造成批次间呈现的颜色有明显差异。

对于两批次箱体的校正，应首先利用相机配合色度计采集两批次箱体之间的亮色度差异。然后将两批次箱体的亮色度值输入多批次调节软件，软件就会自动匹配箱体的亮色度。一般情况下，软件自动匹配的效果可能存在一定的差异（特别是蓝色），这时应选择人眼微调单色与亮色度均衡法相结合的方式使两批次箱体达到观感一致的效果。

#### 3. 多批次箱体的校正

多批次箱体是指批次间或单批次内存在亮色度差异，情况较复杂，无法分成多个单批次的箱体。例如，对于租赁现场而言，由于每次租赁的箱体数量不同，箱体使用频率也不同，出厂后本是同批次的箱体会出现亮色度差异，这样的箱体很难再区分成单批次箱体。

对于多批次的箱体校正，应先通过人眼微调单色与多批次调节软件相结合的方法，将箱体调节到效果接近，再通过色度计标定，生成公共目标值，进行校正。

### 3.1.4 箱体校正准备

所有箱体校正前应进行充分的老化，不建议对老化时间不同的箱体进行校正。另外，箱体校正必须在暗室中进行，以避免环境光的干扰。

## 1. 暗室要求

暗室结构如图 3-1-2 所示，具体要求如下。

（1）暗室要求密封，无外界光干扰，同时暗室内四周都应覆盖上低反射率的黑色高密度海绵，以减少反射光。

（2）暗室宽度：推荐 6～10m。

（3）暗室长度：暗室长度取决于相机的校正距离，而相机的校正距离主要和 LED 箱体的像素间距相关，一般情况下，像素间距×800（mm）＜校正距离＜像素间距×3000（mm）。推荐的最佳校正距离为：校正距离=像素间距×1500（mm）。

（4）在地面上刻画出刻度，以方便定位校正距离。

（5）安装温湿度计，监测温度、湿度变化情况。暗室中应安有空调，每次校正前提前半小时开启空调，将温度、湿度调节至指定值（以接近该批次箱体的最终使用环境温度为宜）。校正同一批次箱体时，温度浮动不得超过 2℃。

（6）在校正过程中必须固定箱体和校正仪器的位置，箱体必须安放在底座上，以避免地面反光的影响。

（7）设置合适的箱体搬运流程，避免在箱体更换环节上耽误过多时间。

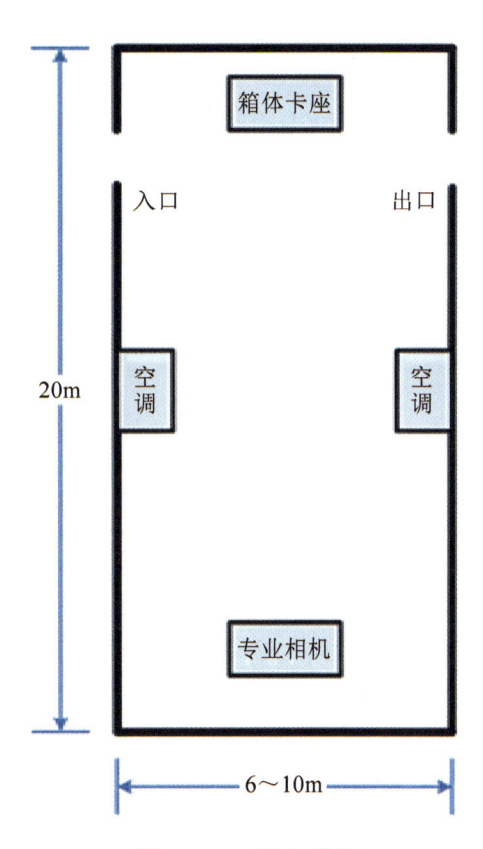

图 3-1-2　暗室结构

## 2. 箱体摆放要求

箱体在暗室中的摆放要求有以下几点。

（1）为保证箱体在校正过程中位置固定和安装稳定，可采用设置箱体安装卡扣、在底座上方设置卡槽等方法。

（2）如果底座上没有箱体卡扣和卡槽，可采用箱体位置标记法，即对第一个箱体的摆放位置，用粘贴黑胶带或画刻度线的方法进行标记，后续箱体的摆放位置与摆放角度，要严格按标记所示，与第一个箱体保持完全一致。

（3）箱体底座的外层应使用低反射率的材料。

（4）箱体底座高度应略高于相机三脚架的高度，或基本持平，箱体底座与三脚架示意图如图 3-1-3 所示。

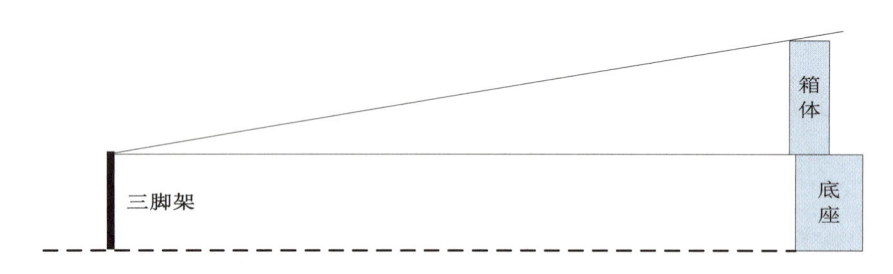

图 3-1-3　箱体底座与三脚架示意图

（5）如果有条件，可设置能支持箱体后仰摆放的底座，箱体倾斜模拟仰角（现场仰角户外屏）如图 3-1-4 所示，以模拟 LED 户外屏使用现场的观看仰角，达到更好的校正效果。

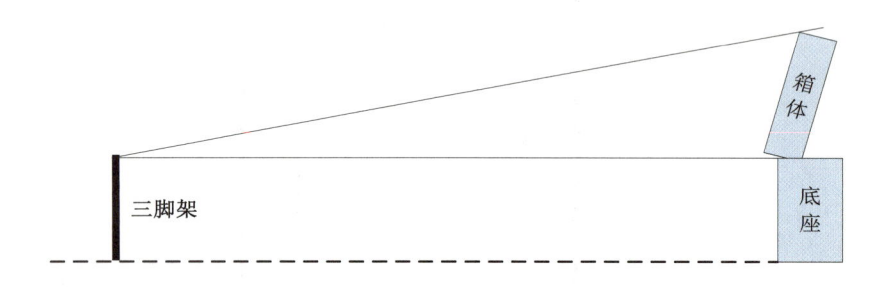

图 3-1-4　箱体倾斜模拟仰角（现场仰角户外屏）

## 3. 软件设置要求

在对箱体进行校正前，需要对操作软件进行一些必要的设置，包括 NovaLCT 启用监听和 NovaCLB-Cabinet 授权管理两部分。箱体校正软件设置要求和全屏校正软件设置要求相同，在此不做过多阐述。

## 3.2 常规箱体的校正介绍

常规箱体的校正流程包括新建数据库、连接软件、获取配置文件、连接相机和分析饱和度、设置目标值等，常规箱体的校正流程如图 3-2-1 所示。

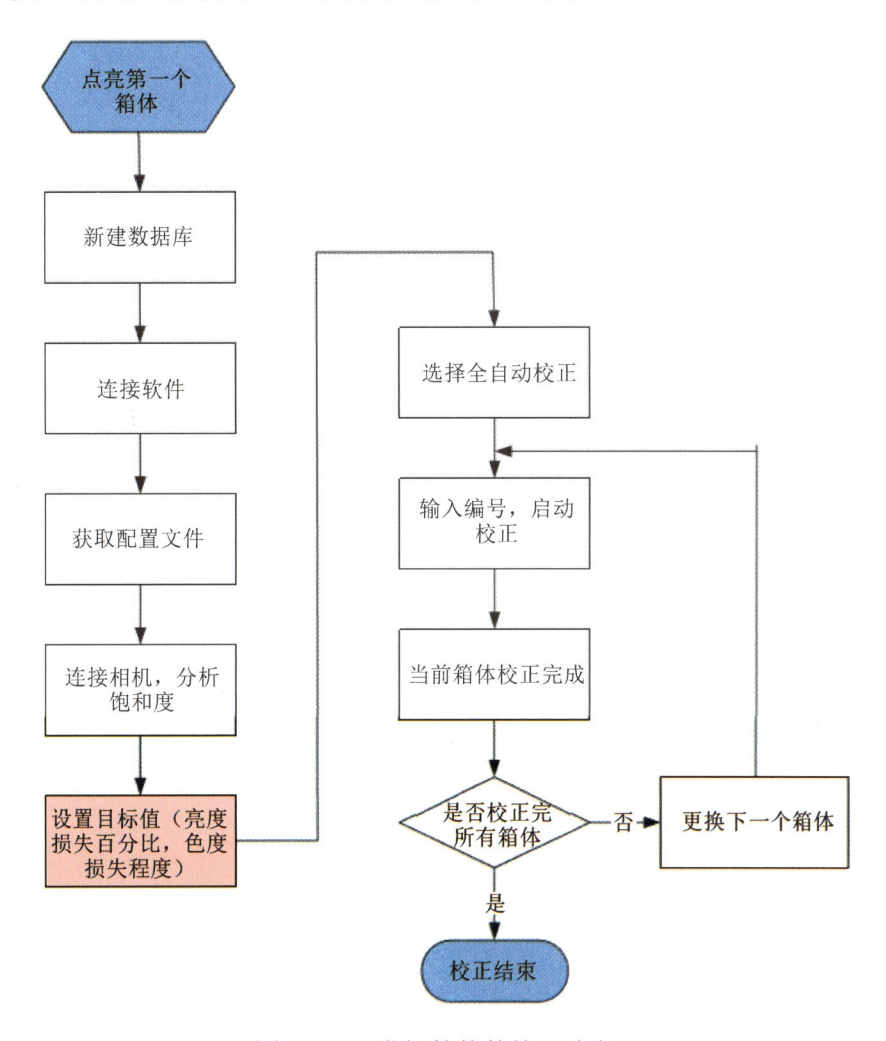

图 3-2-1 常规箱体的校正流程

### ▶ 3.2.1 软件参数设置

（1）在控制计算机上登录 NovaLCT 软件，在显示屏校正界面进行参数设置。将"打屏位置"设置为"主显示器"，"校正开关"设置为"色度校正"，单击"保存"按钮。完成所有设置之后单击"重新监听"按钮，并记录此时计算机的"本机IP"和"端口"，如图 3-2-2 所示。

（2）在控制计算机上打开软件 NovaCLB-Cabinet 主界面，在左侧菜单栏单击

### LED 显示屏校正技术

"授权锁"→"授权锁管理"按钮，进入授权锁管理界面后单击"添加"按钮，然后选择相应的"授权 ID"和"相机 ID"，即可完成软件授权，如图 3-2-3 所示。

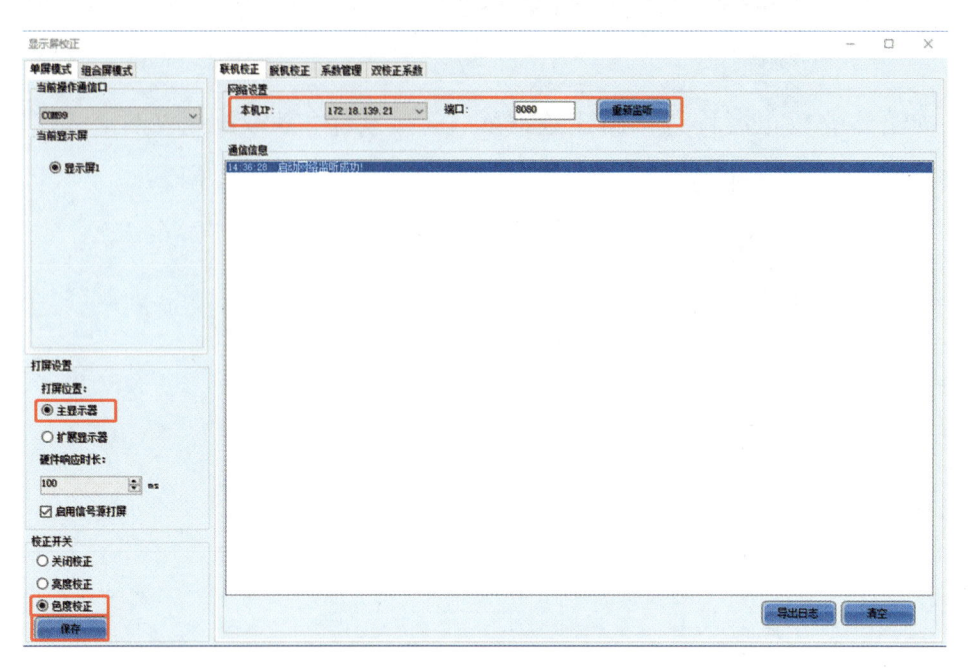

图 3-2-2　显示屏校正界面

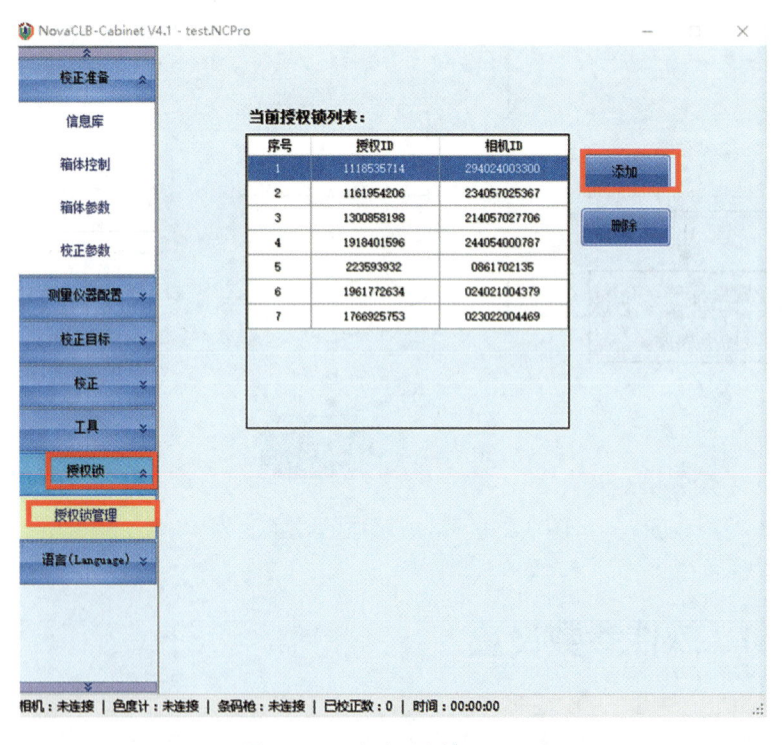

图 3-2-3　授权锁管理界面

> **小课堂**
>
> 1. 需要注意的是，仅第一次启用设备时需要授权，授权完成后下次启动设备，无须反复授权。

> 2. 加密狗文件又称授权文件，是与校正软件、校正相机相配套的软件授权文件，只有相机、加密狗、加密狗文件三者配套方能顺利使用校正软件。购买校正软件时由厂家统一提供与相机配套的唯一加密狗及其加密狗文件。

（3）根据软件界面提示进行"校正准备"设置，按顺序分别完成"信息库""箱体控制""箱体参数""校正参数"4 部分基础设置，其中软件的 IP 地址要与控制计算机的 IP 地址保持一致。

（4）"信息库"的设置。信息库界面如图 3-2-4 所示。

① 在"校正模式"选区中单击"箱体校正"单选按钮。

② 在"全屏参数"选区中填写"箱体个数"和"屏体描述"，方便后期管理和使用。但如果不知道确切的箱体个数，此步骤可以跳过。

③ 在"屏体信息文件"选区中单击"新建"按钮并选择文件保存路径及名称；如果继续上一批次未完成的箱体校正工作，则可以单击"载入"按钮载入原先有的箱体校正数据库。

④ 在"图像文件保存地址"选区中单击"选择"按钮，设置相机采集图片的保存位置。一般校正项目采集的图片数量很多，占内存较大，建议不要保存在桌面或者 C 盘。也可以不勾选"保存所有箱体图像（占用较大的磁盘空间）"复选框以减少对磁盘的占用。

⑤ 单击"下一步"按钮。

（5）"箱体控制"的设置。箱体控制界面如图 3-2-5 所示。

① 在"联机校正"选区中设置好"NovaLCT IP"及"端口"之后单击"连接"按钮。NovaLCT IP 可以在 NovaLCT 软件"校正"页面最上方获得。如果软件提示"连接成功"，则说明 NovaLCT 软件已经可以和箱体校正软件进行通信。

② 在"接收卡参数文件"选区中单击"获取接收卡参数文件"按钮，在弹出的对话框中单击"确定"按钮，在软件提示"获取文件成功"后单击"确定"按钮，单击"发送文件至接收卡"按钮。

③ 在"灯板信息"选区中输入箱体中所使用灯板的"宽度"和"高度"，此处填入的应为灯板的像素点数。如果箱体所使用的灯板尺寸全部一致，则勾选"灯板大小一致"复选框；否则不勾选。

④ 单击"下一步"按钮。

LED 显示屏校正技术

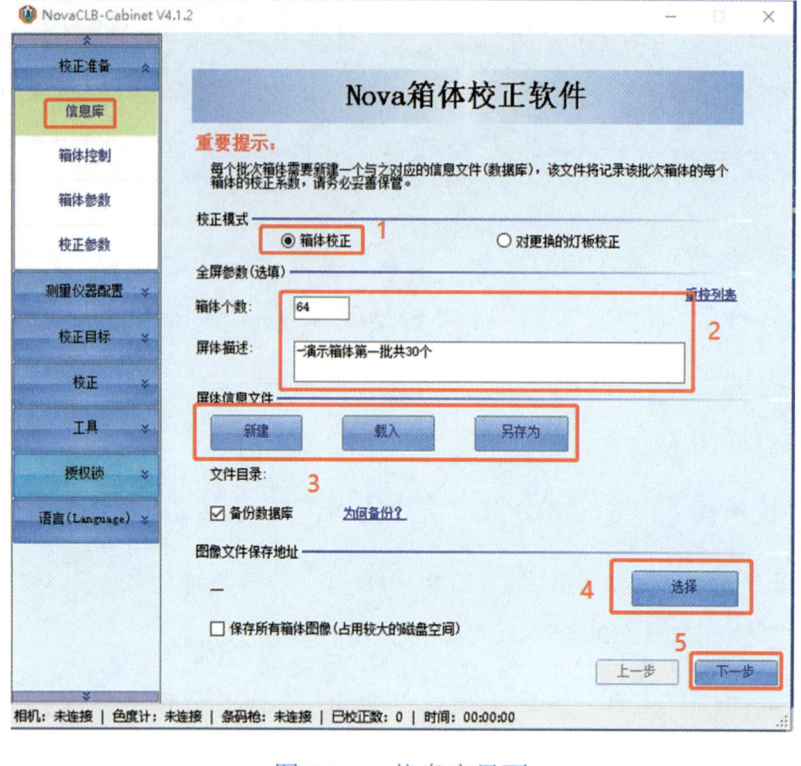

图 3-2-4　信息库界面

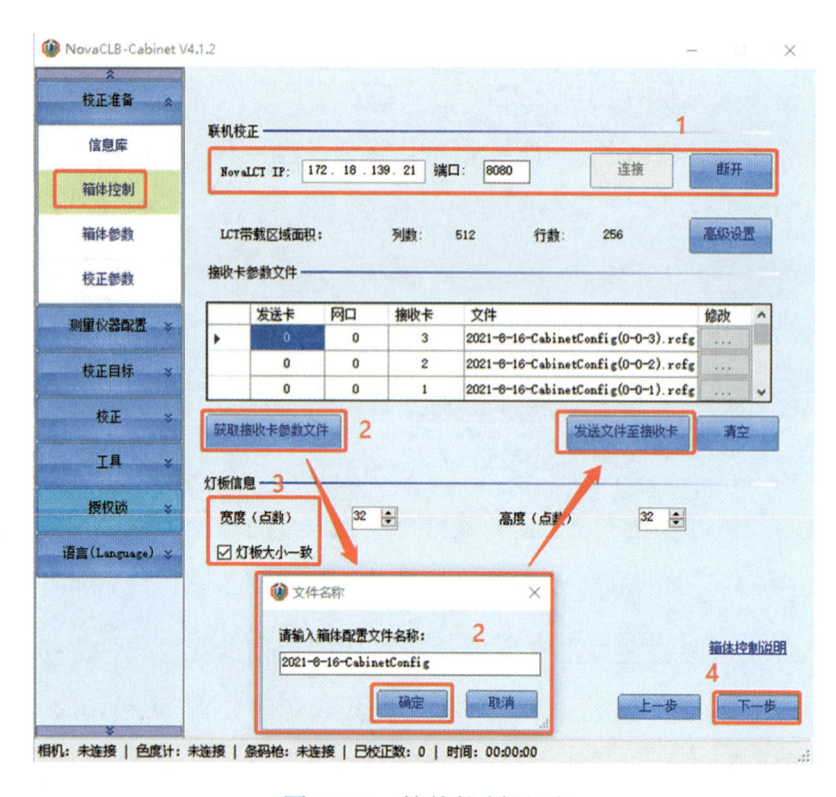

图 3-2-5　箱体控制界面

（6）"箱体参数"的设置。箱体参数界面如图 3-2-6 所示。

① 在"箱体环境参数"选区中分别输入目标箱体的"LED 点间距"及校正暗室中校正相机距离目标箱体的"校正距离"。

第 3 章 箱体校正方案

② 在"箱体信息"选区中设置"LED 灯排列方式",一般选择"三灯",如果需校正的箱体中使用的是每个像素有四颗灯或其他排列形式,则根据实际情况选择"四灯"或"其他"。

③ 在"屏体类型"选区中选择"常规屏",如果目标箱体为非矩形的异形箱体,则选择"异形屏"。

④ 单击"下一步"按钮。

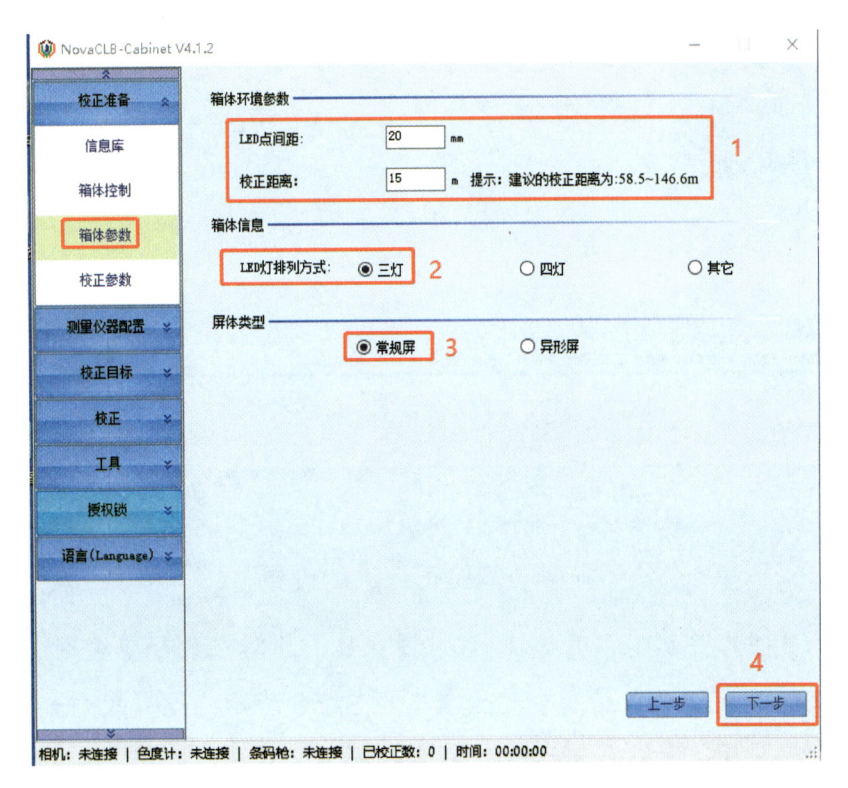

图 3-2-6　箱体参数界面

(7)"校正参数"的设置。校正参数界面如图 3-2-7 所示。

① 在"声音提示参数"选区中设置"声音提示"和"声音文件",一般默认即可。

② 在"LED 逐点识别参数"选区中设置"允许的死点比例",一般默认为 10‰,如果箱体死点较多,可以适当增加,一般默认即可。

③ 在"箱体编号"选区中单击"高级设置"按钮,设置箱体的编号规则。

④ 在"校正之后箱体显示屏颜色配置"选区中设置"显示屏颜色",一般默认为"白"。

⑤ 在"边缘修正参数"选区中单击"自动生成"单选按钮。

⑥ 单击"下一步"按钮。

# LED 显示屏校正技术

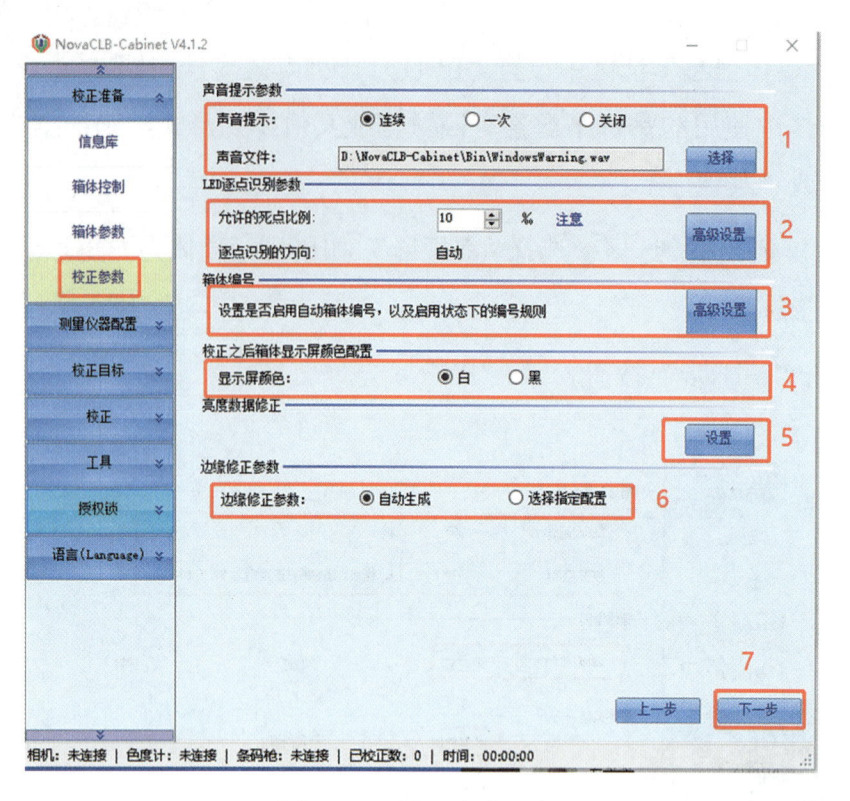

图 3-2-7 校正参数界面

## 小课堂

### 异形箱体校正包边的设置

当箱体类型为异形屏,且边缘行/列灯点数小于对应的隔点数时,需将当前箱体的边缘行/列设置为包边,包边设置如图 3-2-8 所示,设置规则如下。

(1)当隔点数为 1 时,无须设置包边信息。

(2)当隔点数大于 1 时,需将当前箱体的边缘行/列灯点数小于隔点数的行/列设置为包边。以图 3-2-8 为例,当前设置隔点数均为 2,区域 1 的边缘行灯点数小于对应的隔点数,所以需将区域 1 的行设置为包边,区域 3 的边缘列灯点数小于隔点数,所以需将区域 3 的列设置为包边。

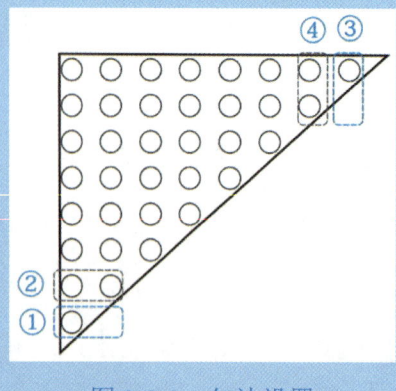

图 3-2-8 包边设置

## 3.2.2 测量仪器配置

测量仪器配置包括相机、色度计、条码枪的配置。其中相机是必备设备，色度计和条码枪为选用设备，可根据现场实际使用情况进行配置。

### 1. 相机配置

与全屏校正相似，需要调节校正亮度、曝光时间、光圈大小、ISO 4 个参数，使得相机采集到的图片成像大小和饱和度满足要求。相机配置界面如图 3-2-9 所示。

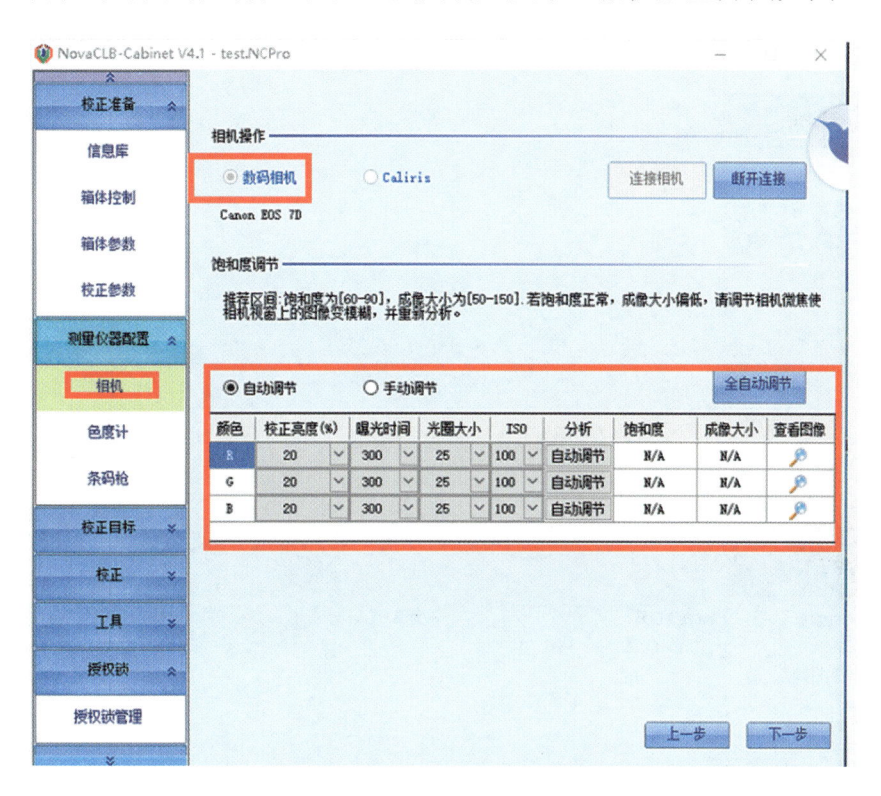

图 3-2-9　相机配置界面

### 2. 色度计配置

使用色度计前，请先安装驱动程序，目前支持的型号有 CS2000、CS100A、CS150。色度计的 USB 数据线和计算机的 USB 接口应直接连接，中间不得使用转接线。色度计配置界面如图 3-2-10 所示。

### 3. 条码枪配置

如果系统安装了条码枪，则需要在软件中设置"COM 端口号""波特率"，并与软件建立连接。启动校正后，不需要再输入箱体编号，条码枪会自动读取箱体编号。软件默认"波特率"为"9600"，不需要修改。"COM 端口号"是条码枪对应的计算机设备端口，不可与其他设备端口冲突。条码枪配置界面如图 3-2-11 所示。

# LED 显示屏校正技术

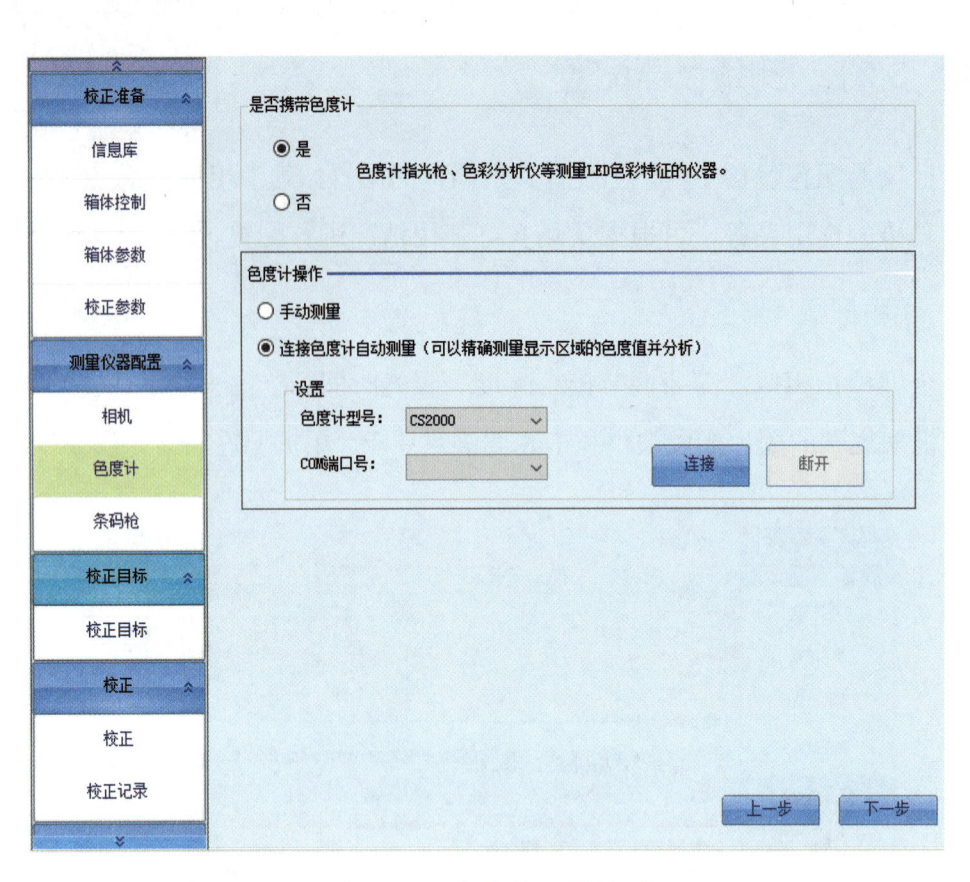

图 3-2-10　色度计配置界面

图 3-2-11　条码枪配置界面

## 3.2.3 校正目标设置

> **小课堂**
> 
> 当系统中没有色度计时，将跳过测量色度原始值这一步骤，而直接采用软件默认值，此时可直接进行校正目标设置。当系统中有色度计时，要首先测量色度原始值。

### 1. 亮度衰减比例设置

LED 显示屏校正系统支持亮度校正、普通色度校正、多 bin 色度校正 3 种模式。

亮度校正：只改变三基色的亮度，不会牺牲显示屏的色域，但不能消除 LED 色度上的差异。

普通色度校正：会改变三基色的亮度，牺牲显示屏的少量色域，但能使 LED 亮度和色度达到高度一致。

多 bin 色度校正：可以消除模块之间或者箱体之间存在的亮度和色度差异，支持蓝色修正，能显著优化蓝色效果，但白色效果会稍微变差。

在如图 3-2-12 所示的界面中，通过左右拖动"亮度衰减比例"滑块，可分别调节红色、绿色和蓝色 3 种颜色的亮度衰减比例。例如，衰减比例为 20%代表校正后的亮度比校正前衰减了 20%。当系统处于"亮度校正"模式时，将按照亮度校正标准自动生成亮度衰减系数；当系统处于"普通色度校正"模式时，将按照色度校正标准生成校正系数；当系统处于"多 bin 色度校正"模式时，将按照多 bin 色度校正标准生成校正系数。

### 2. 色温设置

如果勾选"启用色温"复选框，则拖动滑块调节亮度衰减比例时，显示屏的色温将保持不变。

### 3. 色域设置

单击"色域自定义调节"图标 ，可在打开的色域图中调节色域值，校正后目标色域如图 3-2-13 所示。此步骤中的原始值并非显示屏的真实原始值，而只是软件默认的相对原始值，得到的目标值也是相对目标值。

## LED 显示屏校正技术

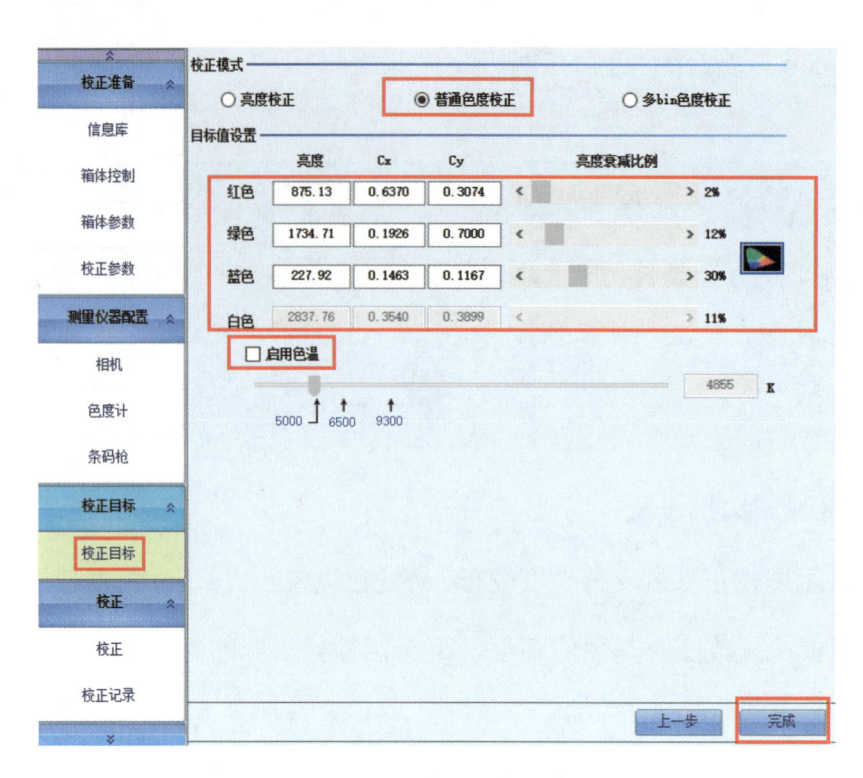

图 3-2-12　校正目标界面

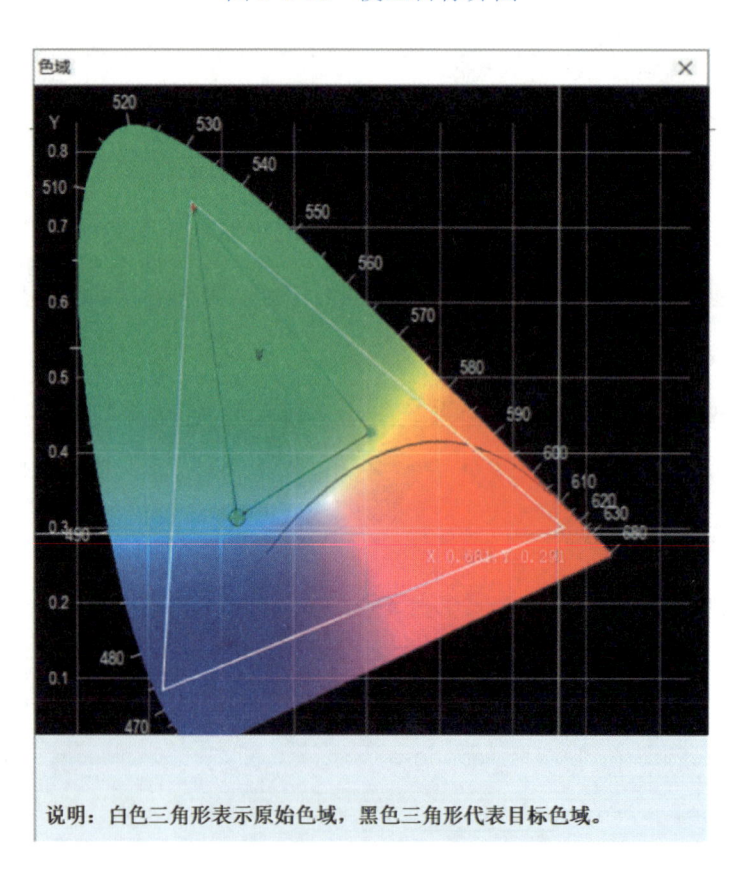

图 3-2-13　校正后目标色域

目标值设置完成后，单击"完成"按钮进入下一步操作。如果对目标值不满意，可单击"返回上一步"按钮，重新进行设置。

## 3.2.4 校正流程

校正系统中包含常规校正模式、全自动校正模式。

在常规校正模式中，校正中的每一步都是单独进行的，用户需要在软件中完成上一步后，再去手动操作开始下一步。这样做的好处在于，在任意一步中若对于执行效果不满意，可及时返回上一步重新设置。

全自动校正模式是将常规校正模式中的每一步都加入一个自动执行的流程中，单击"启动校正"按钮后，由软件自动执行用户定义的步骤。在该模式中，用户也可以通过"自定义流程"功能，自主选择需要软件自动执行的步骤，自定义全自动校正流程如图 3-2-14 所示。

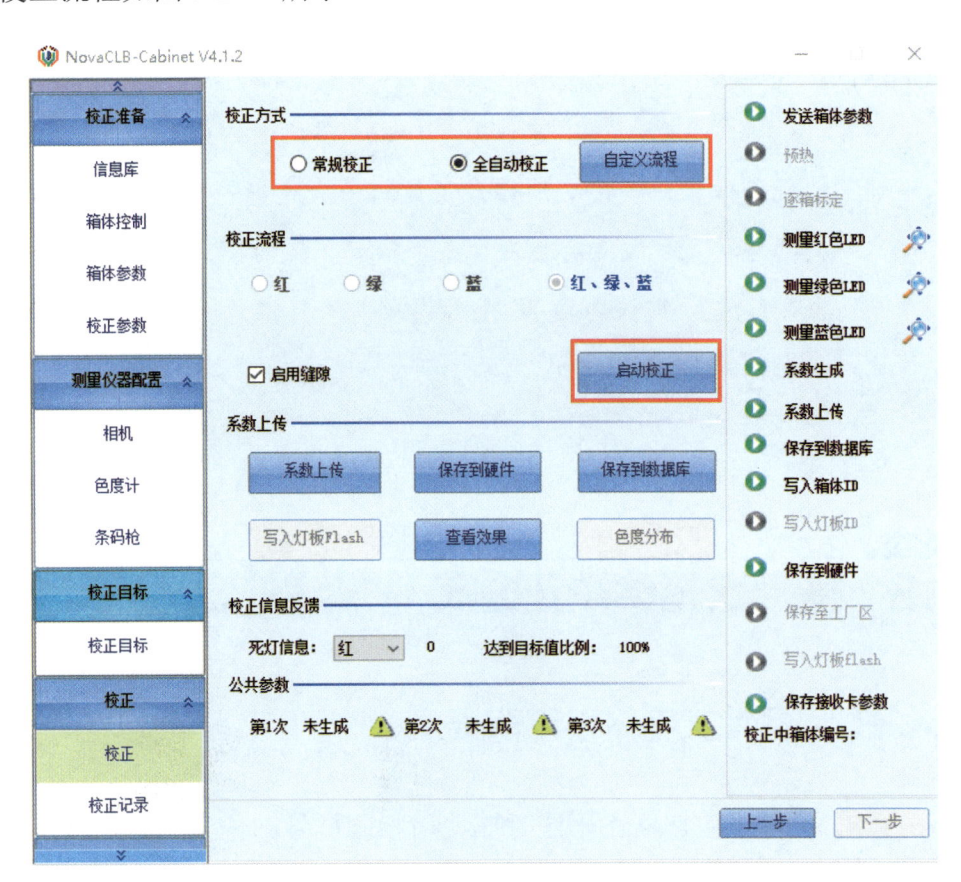

图 3-2-14　自定义全自动校正流程

一般情况下，常规箱体校正的操作流程可分为以下几步。

（1）确保将相机镜头对准校正箱体，如果系统连接了条码枪，可直接扫描箱体条码，自动开启校正。弹出箱体编号界面时，箱体的编号已经自动读取到，单击"确定"按钮即可。

没有条码枪时，单击"启动校正"按钮，弹出箱体编号界面，需要手动录入当

# LED 显示屏校正技术

前箱体的编号。

如果在校正参数设置中,将箱体编号设置为"自动编号模式",则弹出箱体编号界面,箱体编号已自动生成,单击"确定"按钮即可。

(2)校正软件会自动控制屏体显示相应的颜色,并操控相机采图和智能分析,相应的进程可以在界面右侧进度列表中查看。在校正过程中,单击"终止校正"按钮,可以停止或取消当前校正流程。校正过程若出现错误提示,则流程自动停止。按照提示更改设置后再单击"启动校正"按钮,重新开始校正。

(3)一个箱体校正完成后,根据提示更换下一个箱体,然后单击"启动校正"按钮,直至所有箱体校正完成。

> **小课堂**
>
> 在进行箱体校正时,软件会自动记录同一批次箱体中的校正参数,并在校正完第 5、10、20 个箱体时,软件分别会自动计算一次这批箱体的平均修正参数,即该批箱体的公共参数,该参数在生成后用于后续箱体的校正系数生成。通常来讲,在生成公共参数后,建议将前 20 个箱体重新进行校正,以保证各个箱体之间的整体均匀性。

## 3.3 多批次箱体校正方案

### 3.3.1 多批次箱体校正背景

对于 LED 显示屏生产商在不同时期使用相同型号部件生产的两批次箱体来说,虽然箱体生产时所用的部件都相同,但由于 LED 显示屏生产商生产线更换,或者所用 LED 灯珠批次不同,不同时期生产的箱体可能会出现亮色度差异。在 LED 显示屏安装使用后,由于使用环境的不同或工作强度、时长的不同,也会造成箱体灯珠老化程度不同,从而产生亮色度差异。

以上原因导致多批次拼装会影响 LED 显示屏整体的一致性。亮色度不一致后,显示图像、播放视频等场景都会受到影响,两批次箱体如图 3-3-1 所示,多批次箱体如图 3-3-2 所示。

无论是两批次箱体还是多批次箱体，都有可能出现亮色度差异。若批次间的箱体有公共色域，则可以通过校正保留所有箱体公共色域部分，从而提升均一效果；若批次间的箱体无公共色域，则无法进行有效的亮色度均一性提升。所以多批次箱体校正的思路就是找到所有批次间的箱体公共色域，然后通过相机逐点采集每个灯点原始的亮色度参数，通过校正系数将当前值修正到目标值，也就是公共色域。

图 3-3-1  两批次箱体

图 3-3-2  多批次箱体

为了实现以上目的，箱体校正系统可提供以下两种解决方法。

（1）使用.lxy 文件作为校正目标值进行校正。使用 NovaLCT 软件多批次调节功能，添加两批次箱体，手动调节使两批次颜色一致，保存生成的.lxy 文件作为校正目标值进行校正。此方法适合在没有色度计的情况下使用，主要基于手动调节和人眼分辨。

（2）使用色度计直接进行测量，生成校正目标值进行校正。在有色度计的情况下，可使用色度计精准测量箱体颜色、亮度信息，多次测量不同批次箱体，生成校正目标值进行校正。

## 3.3.2 多批次箱体校正操作步骤

多批次箱体校正系统结构与常规箱体校正系统结构完全相同，多批次箱体校正系统结构如图 3-3-3 所示。

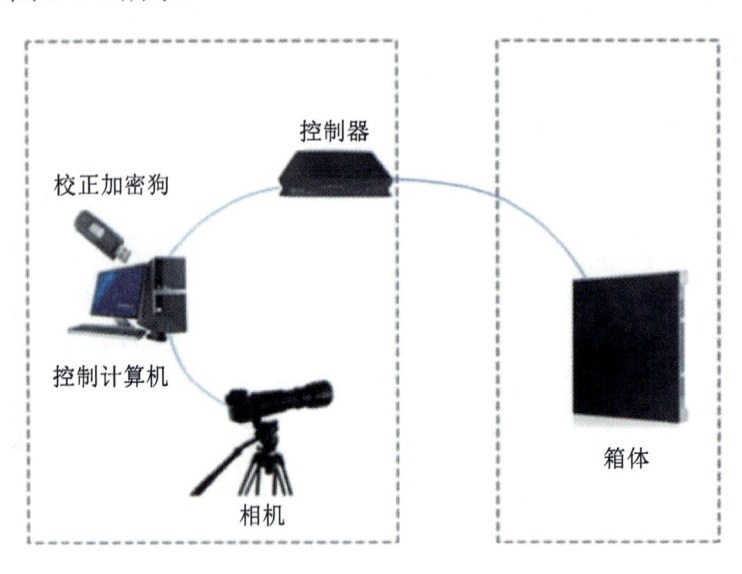

图 3-3-3　多批次箱体校正系统结构

多批次箱体校正方案的软/硬件设备清单如表 3-3-1 所示。

表 3-3-1　多批次箱体校正方案的软/硬件设备清单

| 软件 | NovaLCT V5.2.0 以上 |
| --- | --- |
|  | NovaCLB-Cabinet V4.1.1 以上 |
| 硬件 | 校正相机+三脚架 |
|  | 色度计（CS150、CS2000） |

多批次箱体校正操作步骤如下。

（1）分别设置"校正准备"界面右侧菜单栏中的"信息库""箱体控制""箱体参数""校正参数" 4 部分的基础参数，具体要求与常规箱体校正相同。

（2）在"测量仪器配置"界面中，首先设置"相机"参数；然后在"色度计"→"是否携带色度计"选项中，单击"是"单选按钮，并选择对应色度计型号；最后单击"连接"→"下一步"按钮，如图 3-3-4 所示。

在条码枪配置界面选择对应的"COM 端口号"，"波特率"默认为"9600"，单击"连接"→"下一步"按钮，如图 3-3-5 所示。

（3）在"校正目标"界面，将"待校正箱体属于"设置为"增补单（不同时间出货的箱体，需要混拼）"，完成后单击"下一步"按钮，如图 3-3-6 所示。

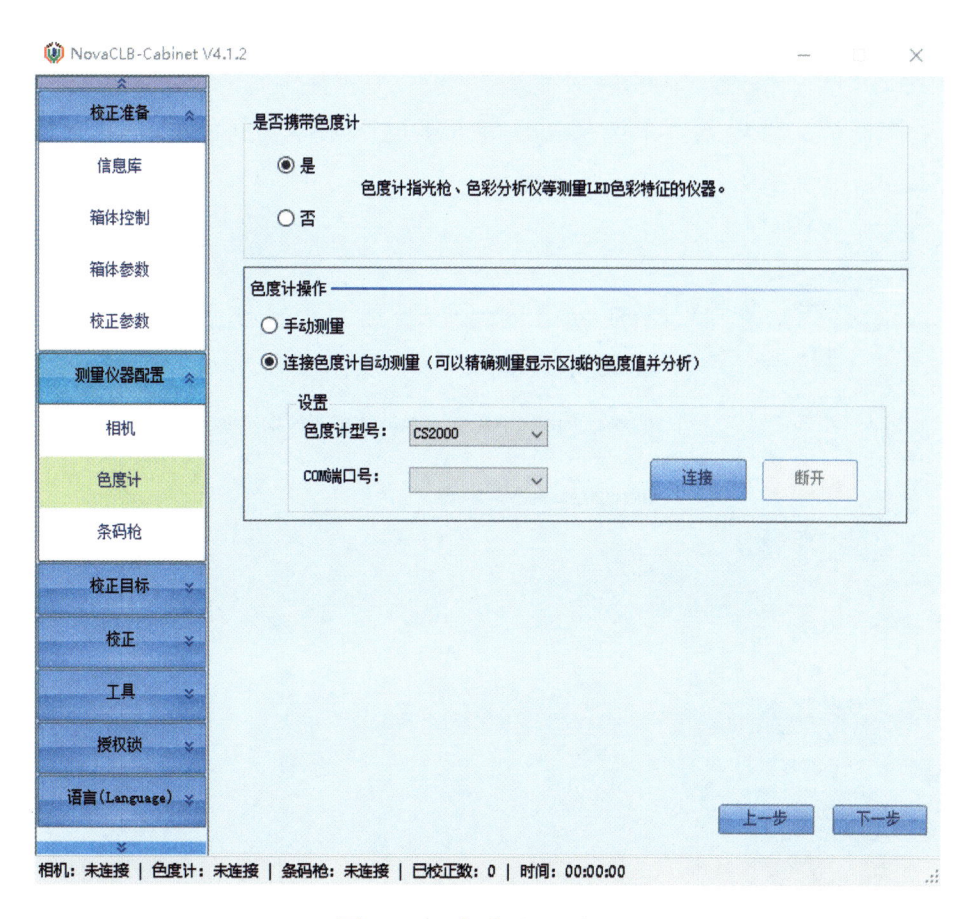

图 3-3-4　色度计配置界面

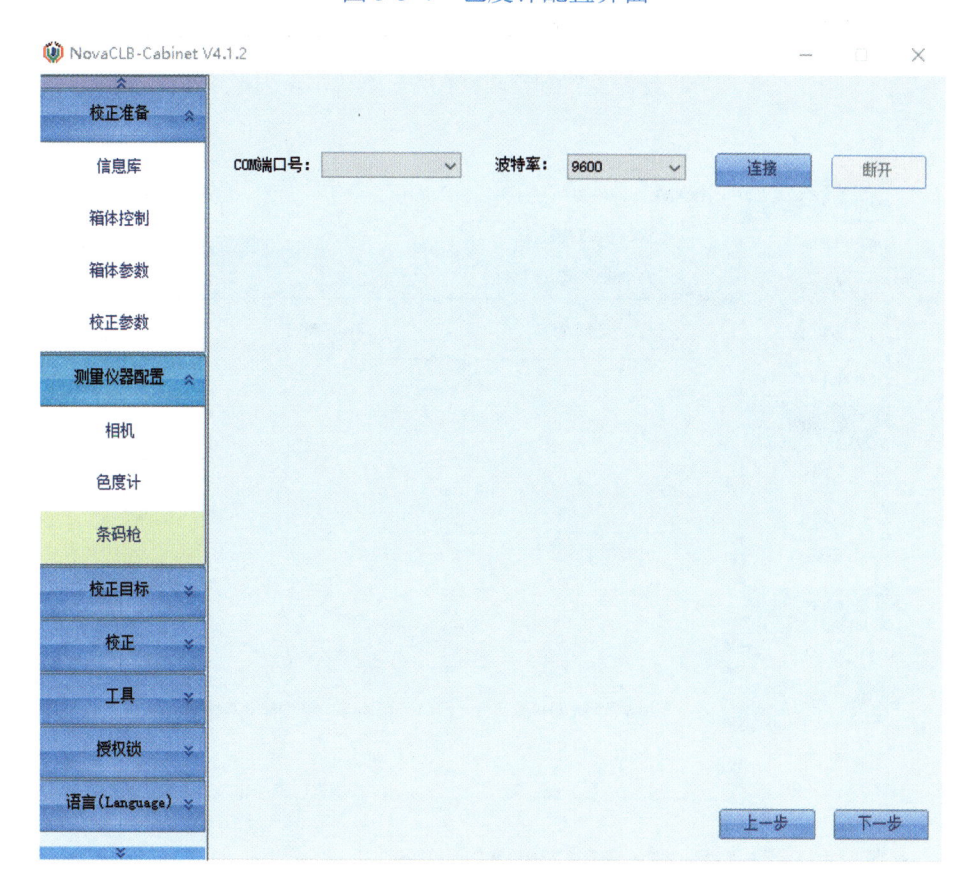

图 3-3-5　条码枪配置界面

## LED 显示屏校正技术

（4）在"数据来源操作"选区中单击"从公共色域工具导入"单选按钮或"从 LCT 多批次调节文件导入"单选按钮，导入多批次箱体公共色域文件，然后单击"导入"→"完成"按钮，如图 3-3-7 所示。

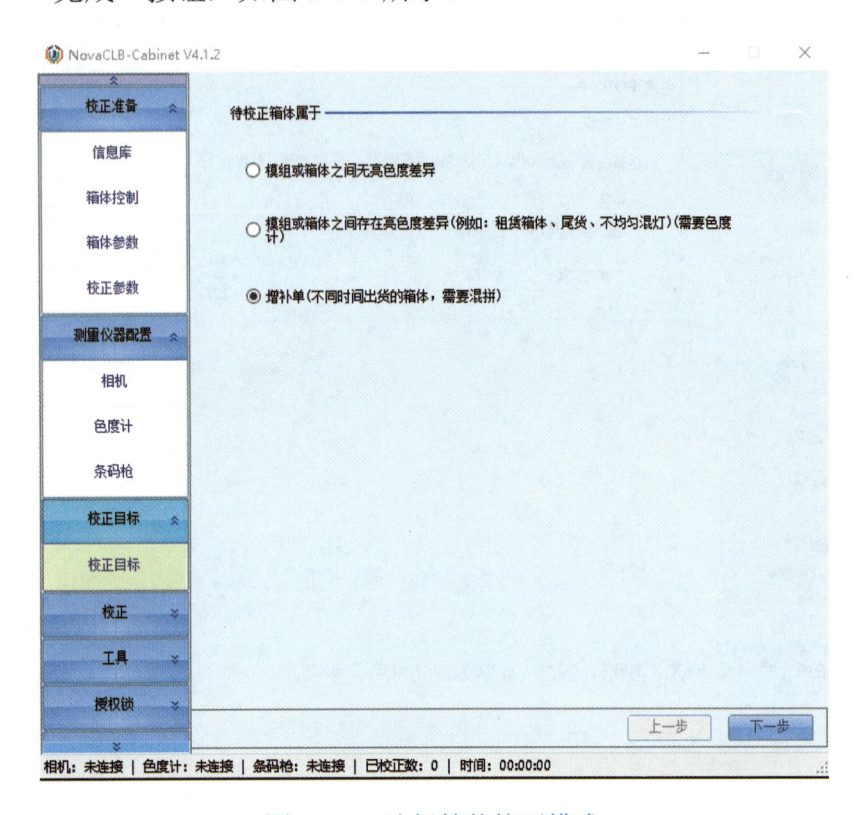

图 3-3-6　选择箱体校正模式

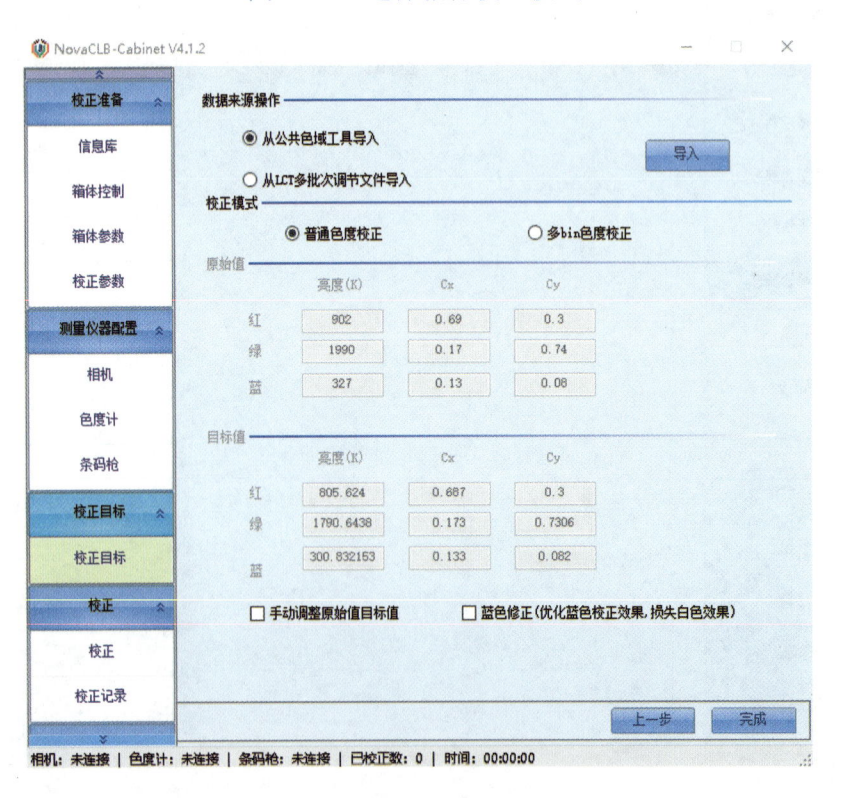

图 3-3-7　导入公共色域文件

如果单击"从公共色域工具导入"单选按钮，则需使用色度计分别测量各批次箱体原始值，并将其输入公共色域工具，然后软件可自动计算公共色域。

单击"工具"→"公共色域工具"按钮，打开"公共色域工具"对话框，单击"添加批次"按钮，根据箱体批次实际情况选择批次序号。从色度计中读取数据后，输入该批次箱体的色域值。单击"公共色域"按钮，生成公共色域值，最后单击"确定"按钮，如图 3-3-8 所示。

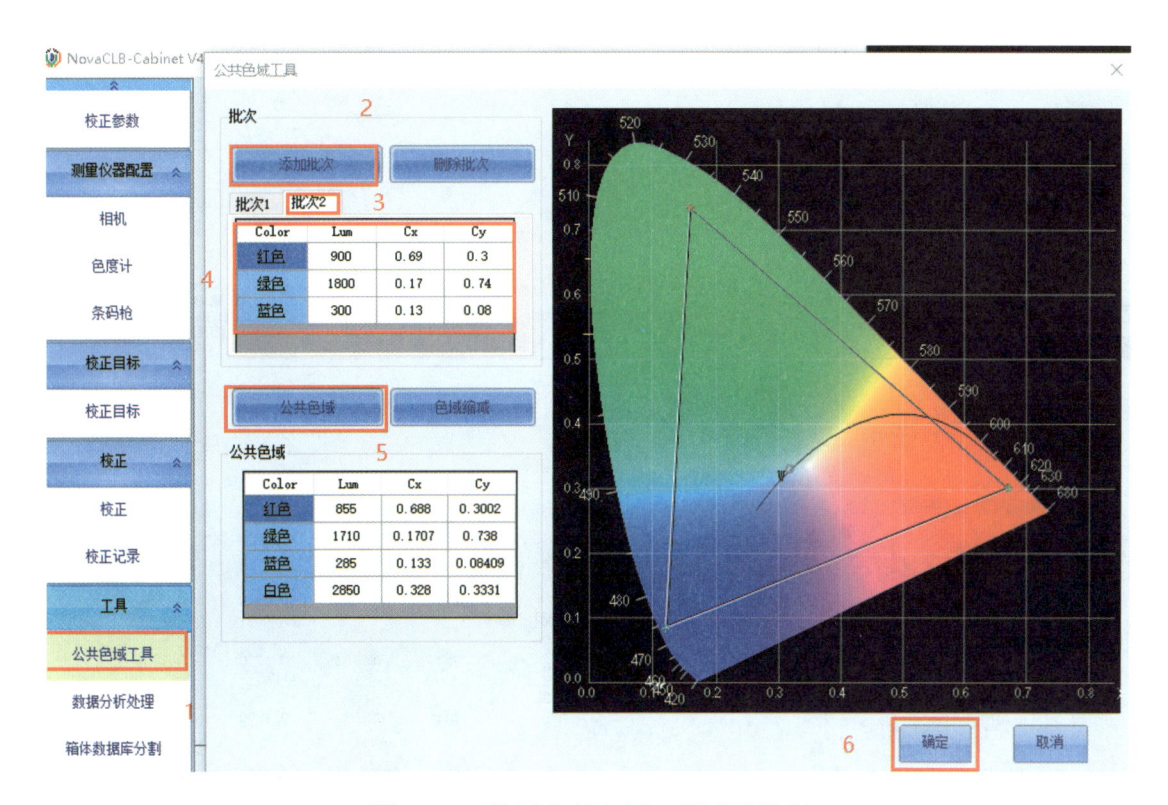

图 3-3-8　使用公共色域工具生成数据

如果单击"从 LCT 多批次调节文件导入"单选按钮，则 NovaLCT 多批次调节工具可以通过人眼调节后生成公共色域，文件格式为.lxy，并将其直接导入软件，如图 3-3-9 所示，这种方式适用于没有色度计的情况。

（5）确定"原始值"和"目标值"后，单击"下一步"按钮，如图 3-3-10 所示。

（6）在"校正方式"选区中单击"全自动校正"单选按钮，单击"启动校正"按钮，依次完成第 1 批次和第 2 批次箱体校正，直至完成全部箱体校正，如图 3-3-11 所示。

## LED 显示屏校正技术

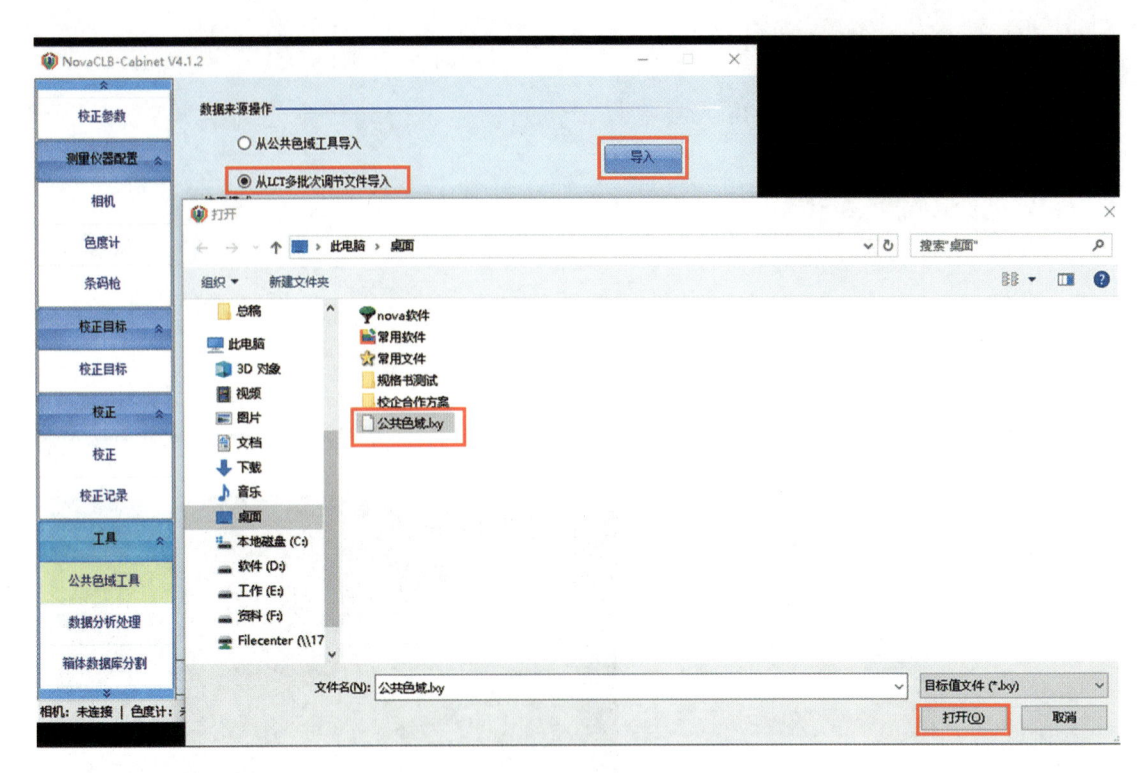

图 3-3-9　通过.lxy 文件导入公共色域

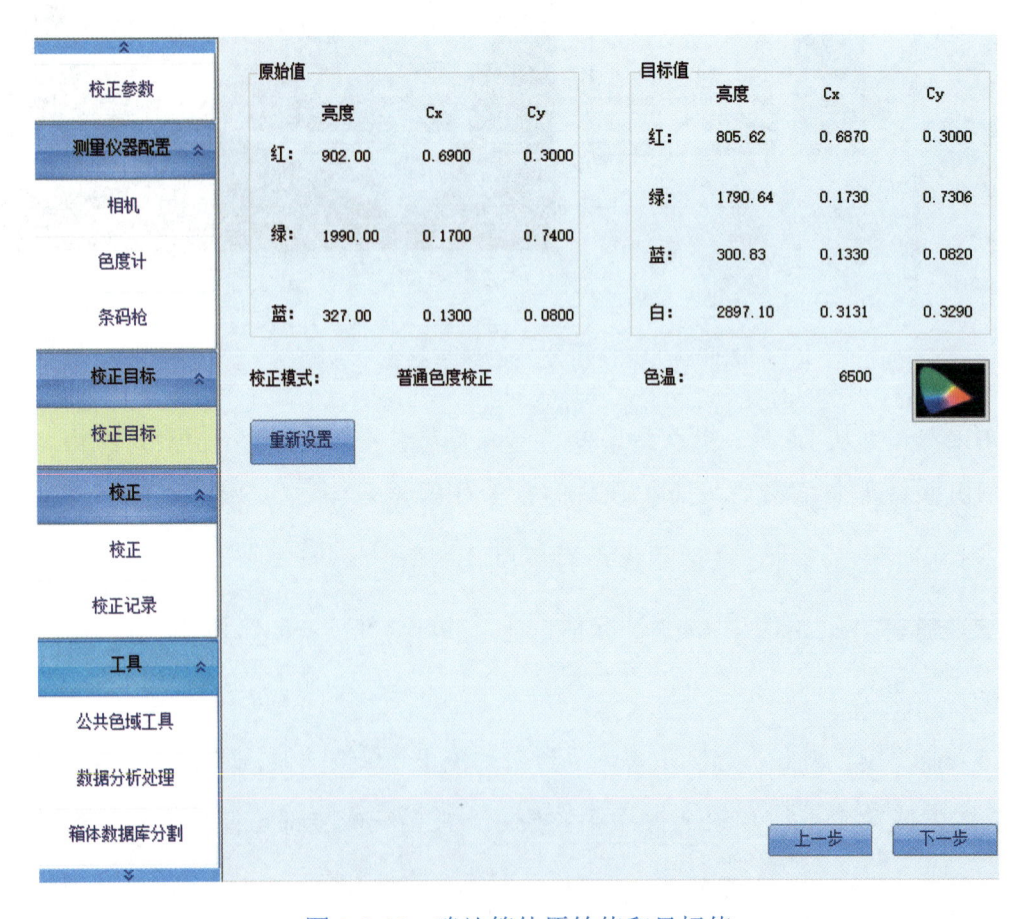

图 3-3-10　确认箱体原始值和目标值

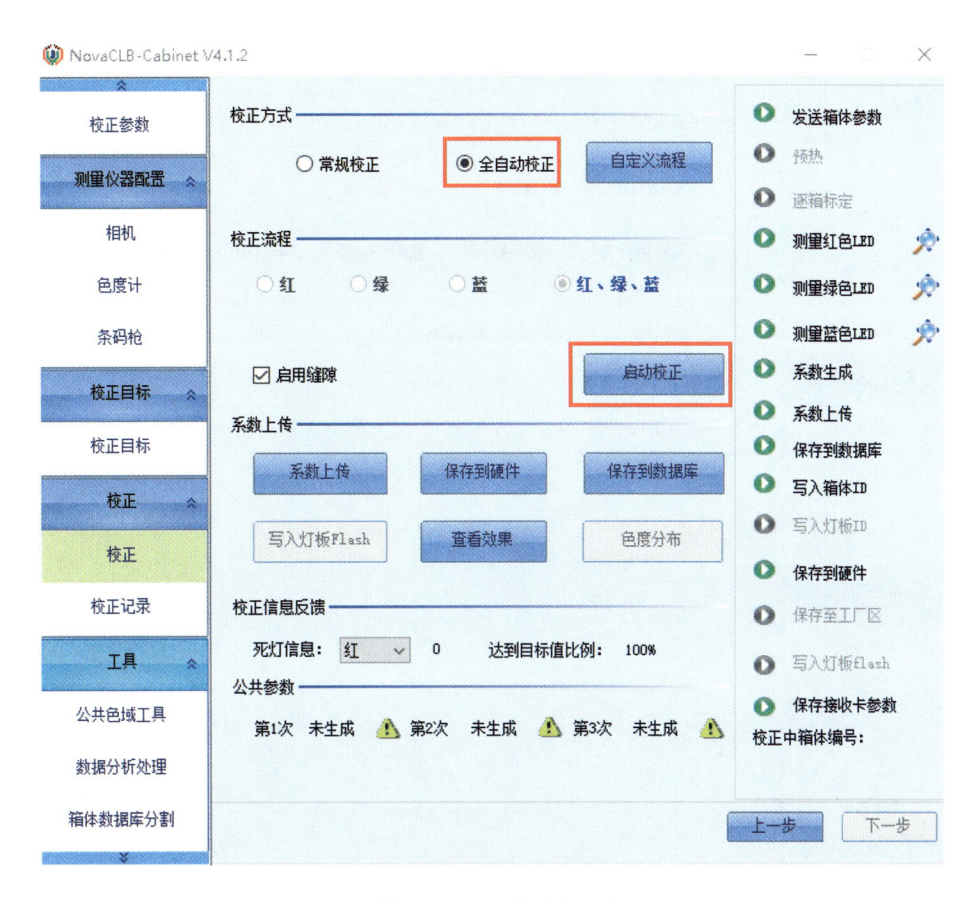

图 3-3-11　启动校正

### 3.3.3　模组间多批次箱体的校正

多批次箱体校正时有一种比较特殊的情况，那就是箱体内部模组存在着多批次现象。对于这样的箱体，如果只是生成一个公共色域，然后将所有箱体修正到该区域内，那么可能无法达到很好的效果。这时就需要对每个箱体都使用色度计进行逐个标定，以准确地得到原始值。具体操作步骤如下。

（1）设置箱体参数、连接色度计、调整相机参数等。

（2）在"校正目标"界面的"待校正箱体属于"选区中单击"模组或箱体之间存在亮色度差异（例如：租赁箱体、尾货、不均匀混灯）（需要色度计）"单选按钮，单击"下一步"按钮，如图 3-3-12 所示。

（3）将样箱摆放在固定位置，单击"设置"按钮，确定定位圆心。设置定位圆心的目的是让色度计能准确对焦待测箱体，测出精确亮色度值。定位圆心需位于色度计取景框的定位圆环中心，并覆盖住定位圆环。

（4）启用逐箱标定功能，则色度计将自动进行原始值的测量。采集箱体原始值软件设置如图 3-3-13 所示。

# LED 显示屏校正技术

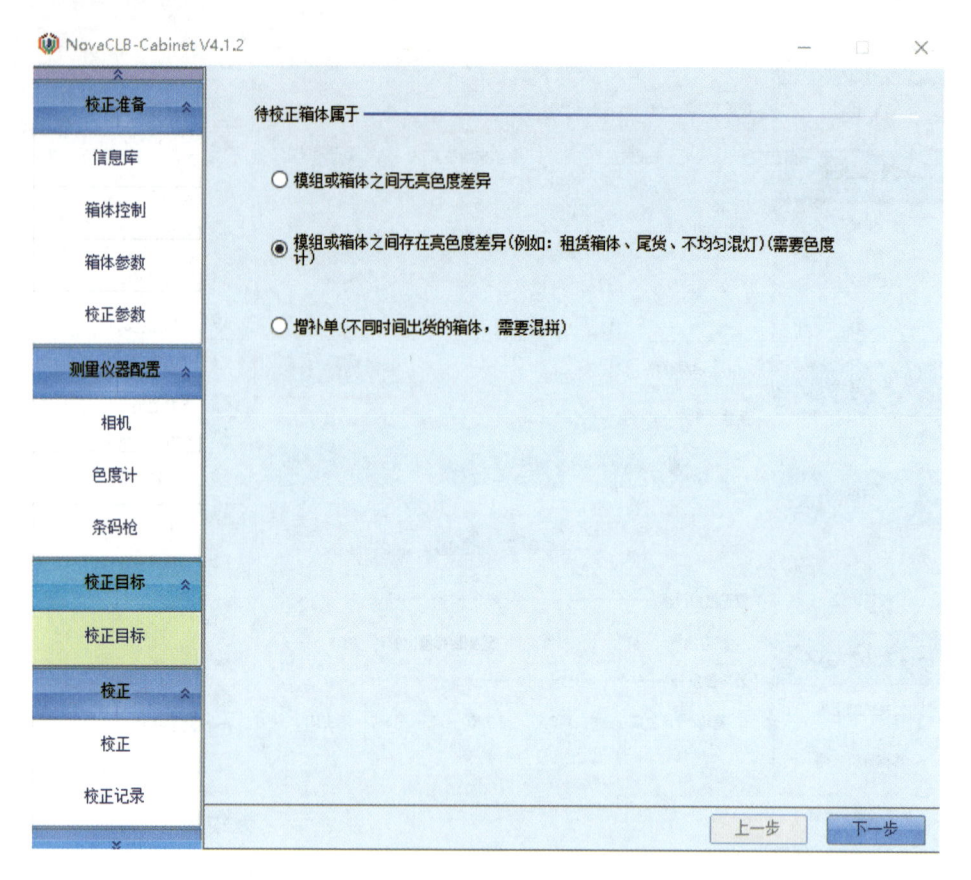

图 3-3-12　选择箱体校正模式

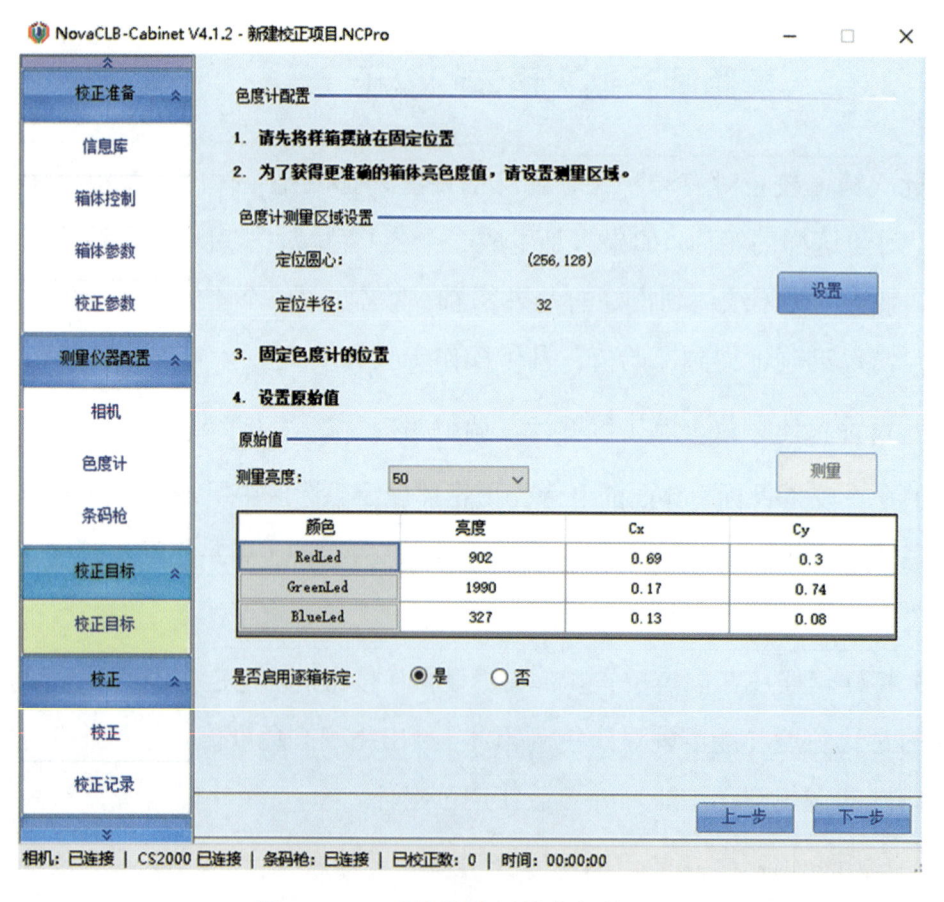

图 3-3-13　采集箱体原始值软件设置

（5）对于两批次箱体校正，"校正模式"选择"多 bin 色度校正"，在"目标值设置"选区，分别设置红色、绿色、蓝色的亮度衰减比例，应按照批次箱体原始值范围设置（设置的目标值应低于所有批次各颜色中的最小亮度。如果共有两个批次箱体，红色亮度分别为 805.62 和 812.34，则目标值设置不能高于 805.62）合理的目标值，以保证每个箱体都能达到目标。启用"蓝色修正"（优化蓝色校正效果，损失白色校正效果）功能，单击"完成"按钮，如图 3-3-14 所示。

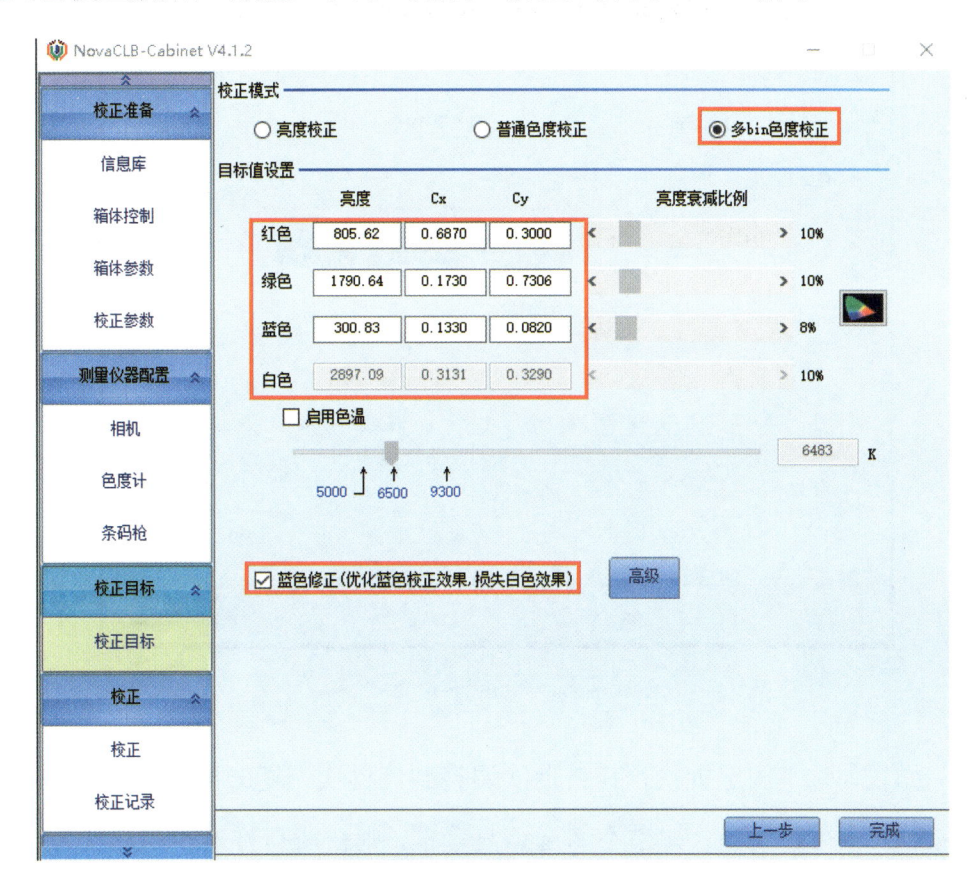

图 3-3-14　选择校正模式设置目标值

后续步骤和多批次箱体校正相同，须注意每个箱体校正完成后都要用色度计进行原始值标定。

### 3.3.4　手动多批次调节

如果现场没有色度计，或者箱体已经安装成屏幕无法拆卸时，可利用人眼观察与手动调节相结合的方法进行校正。

（1）登录 NovaLCT 软件，在"工具"下拉菜单中选择"多批次调节"命令，进入多批次调节界面。

# LED 显示屏校正技术

（2）在"操作类型"中选择"手动调节"。如果有配置文件，则应选择"应用调节文件"，以快速完成多批次箱体的色度调节。

如果无色度计，则在"选择色度计"下拉列表中选择"无色度计"；如果有色度计，则选择色度计类型并设置测量精度，单击"下一步"按钮，如图 3-3-15 所示。

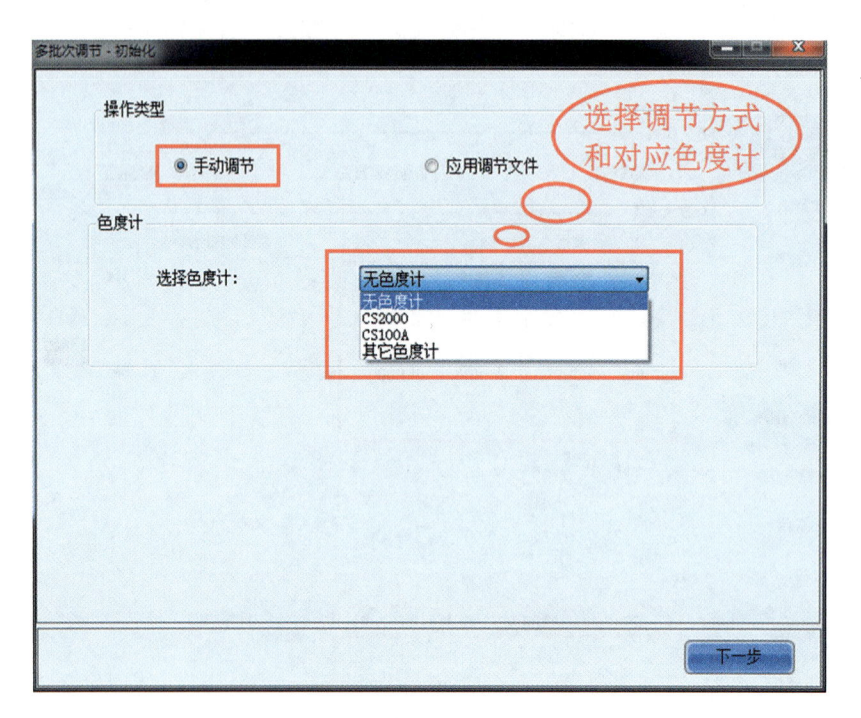

图 3-3-15　多批次调节界面

（3）如果勾选"固定批次，其它批次调整到该批次"复选框，则固定样本批次为参考批次，不可以调节。如果不勾选该复选框，则在所有样本批次中无固定样本批次。

依次完成"通信端口""选择显示屏"和"打屏位置"的参数设置。在"样本区域信息"选区，选择箱体批次，然后单击绿色加号图标，可添加相应批次箱体，并在弹出的拓扑图中设置该批次箱体位置，完成后单击"下一步"按钮，如图 3-3-16 所示。

（4）微调样本批次界面如图 3-3-17 所示。勾选要显示的样本批次，然后选择打屏颜色，拖动滑块可调节显示屏亮度。

在"系数调节"选区，可将"调节方式"设置为"RGB"或"HSI"，并分别调节红、绿、蓝各自的颜色系数。如果需还原系数，可单击"撤销调节"按钮。

第 3 章　箱体校正方案

单击"均衡调节"按钮，在弹出对话框中，可对样本批次进行均衡调节，均衡调节步骤如图 3-3-18 所示。此步为可选项，也可以不进行均衡调节。（注意：单独调节每个颜色后，由于人眼对颜色认识的误差，两个批次在同一个颜色调节后还是会有细微差别，虽然一遍情况下已经能达到比较好的均匀性了，但是一旦有颜色混合成其他颜色后，两个批次间的差异又会有所增加。此时一般通过均衡调节，进一步微调不同批次间的颜色差异。但如果是户外、远距离使用的场景，对颜色均匀性要求没有那么高，可以选择忽略此步。）

设置完成后单击"下一步"按钮。

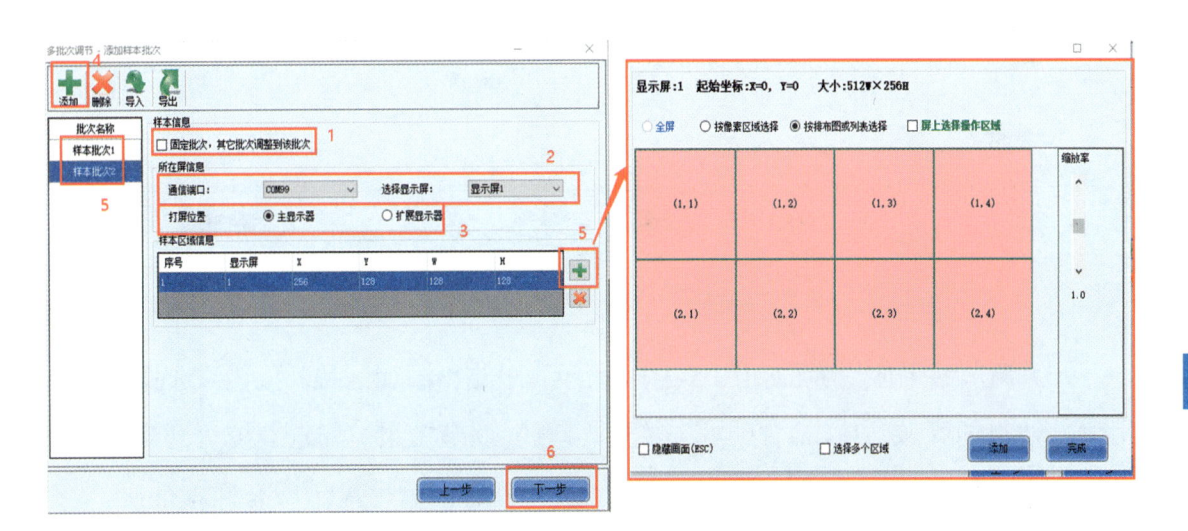

图 3-3-16　设置样本批次的参数

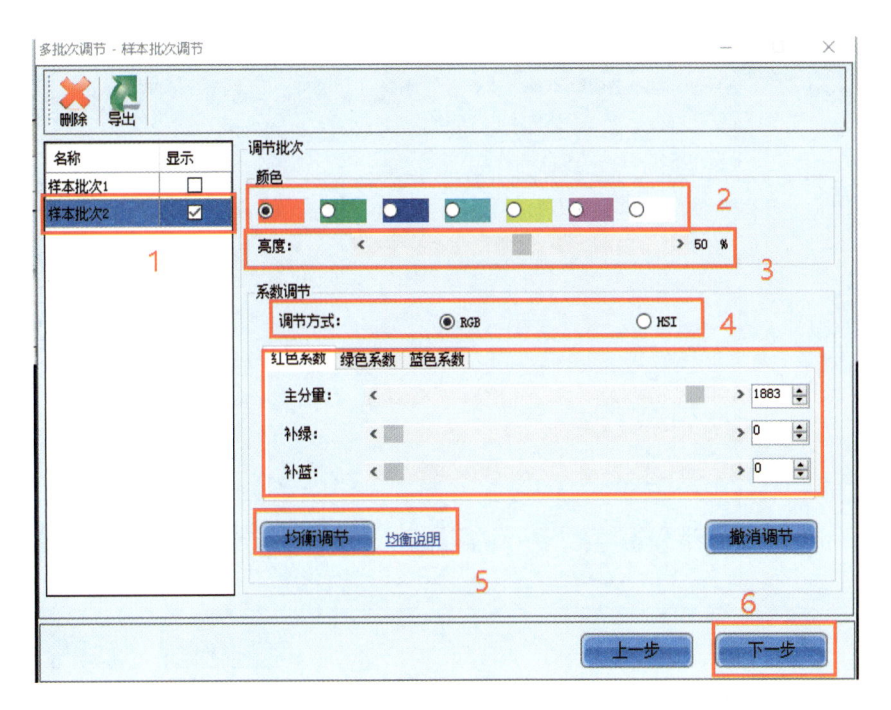

图 3-3-17　微调样本批次界面

## LED 显示屏校正技术

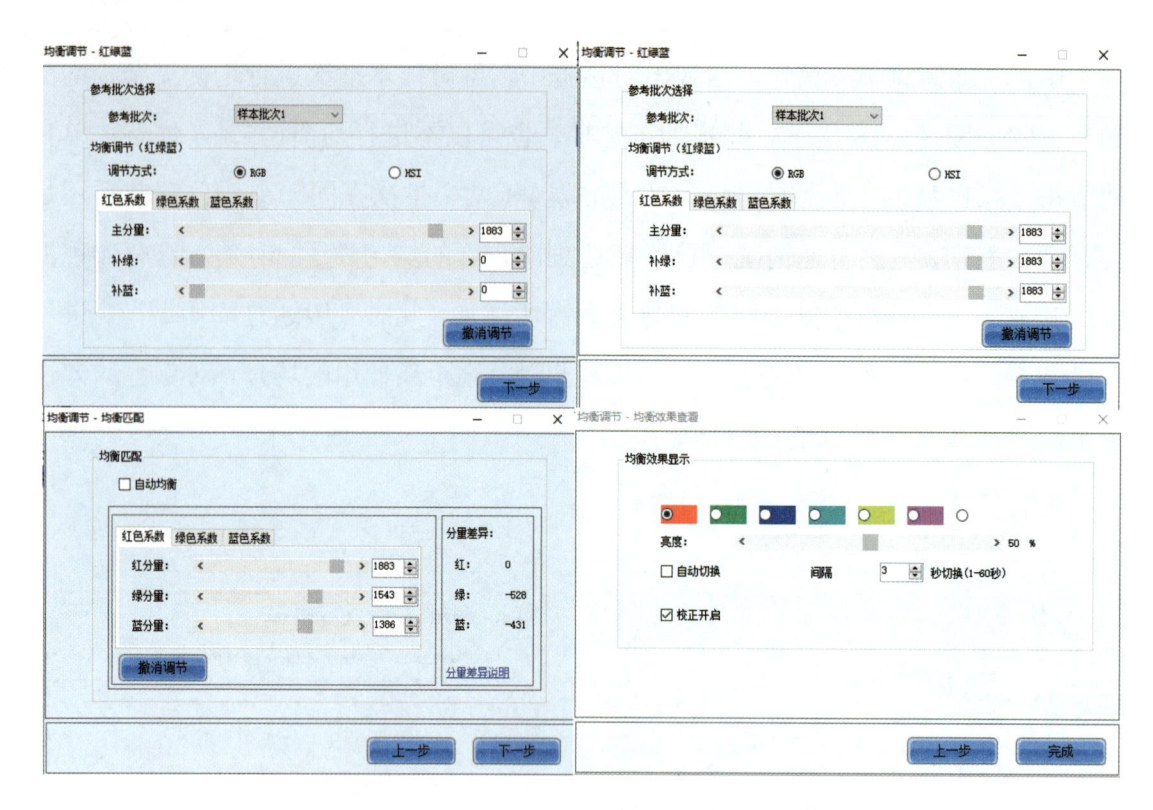

图 3-3-18　均衡调节步骤

（5）调节结果应用界面如图 3-3-19 所示。单击"添加区域"按钮，选择需要应用调节效果的区域。单击"打屏"按钮，可查看调节效果。勾选"校正开启"复选框，可查看校正效果。勾选"显示所有批次"复选框后可显示所有样本批次。

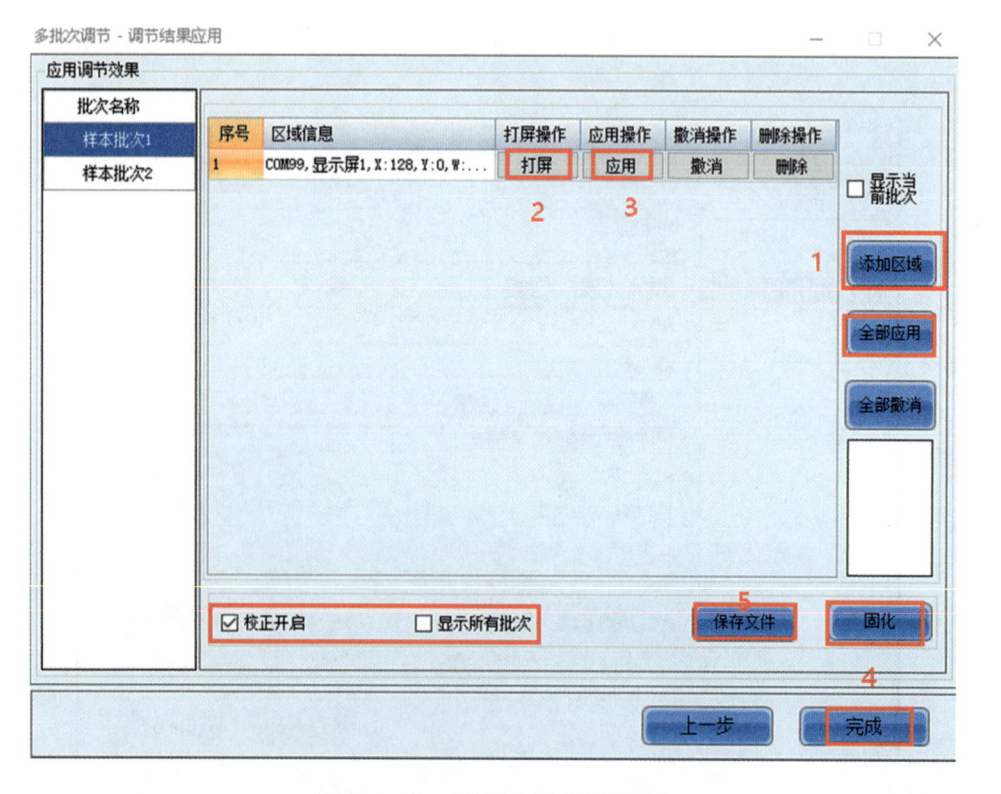

图 3-3-19　调节结果应用界面

单击"应用"或者单击"全部应用"按钮，可以查看调节效果。如果对效果不满意，可单击"撤销"或"全部撤销"按钮，重新设置。

单击"保存文件"按钮，可将配置信息保存成.lxy文件。

单击"固化"按钮，可将配置信息固化到硬件，然后单击"完成"按钮，并单击"确定"按钮。

## 3.4 产线校正方案

### 3.4.1 产线校正方案简介

随着LED显示屏点间距的不断减小和新工艺的广泛应用，校正技术对LED显示屏也变得越来越重要。箱体的出厂前校正已成为一道不可或缺的重要工序。传统产线校正使用的方法是在暗室中对待测箱体进行常规箱体校正，这种方法虽然可以很大程度上解决箱体亮色度不够均一的问题，但也存在以下不足，以致无法在LED显示屏生产厂家大规模使用。

常规箱体校正，现场至少需要两名工程师同时操作，他们之间需要进行数据、信息的交流。但两人之间的距离往往超过几十米，故导致交流效率低下，错误率高。

传统的校正方法操作环节多，失误率大，还需要很多辅助性的搬运、安装等工作，这些都会造成人力资源的浪费和校正效率的降低。

传统的产线校正由于需要大量参数设置，故操作流程很难标准化，严重依赖工程师的经验和技术能力，对操作人员的素质也提出了很高的要求，这需要厂家花费大量资源培养有经验的工程师。

为解决上述问题，全新的产线校正方案和配套设备被推出，只需要一名工程师就可以完成整个显示屏的校正工作。与传统的产线校正方案相比，此方案具有以下优点。

（1）可有效降低人力成本。

（2）可有效提高校正的准确度，缩减校正时间，减少重复工作，有利于实现标准化操作。

（3）校正操作无须在暗室进行，可以在明亮的环境下进行，故过程中无须频繁开关灯。

（4）操作人员可原地操作，解决了校正工位与校正设备距离过远的问题。

（5）操作简单，可以通过 PLC 设备实现一键启动。

（6）节省空间，设备体积小，可有效减少占地面积。

（7）工业化校正可以更好地控制环境参数，包括温度、湿度、震动、光线等，因此可以达到更稳定的校正效果。

### 3.4.2 产线校正的环境要求和整体框架

产线校正分为箱体产线校正、模组产线校正和自动化产线校正三种，可根据待校正产品灵活选择。

#### 1. 箱体产线校正

箱体产线校正设备采用两张发送卡控制，上料区和下料区分开，由两人配合操作。图像采集和数据保存操作并行运行，图像采集区域只做图像采集，数据保存区域只做数据上传和固化，从而大幅提高了校正效率，箱体产线校正设备结构如图 3-4-1 所示。

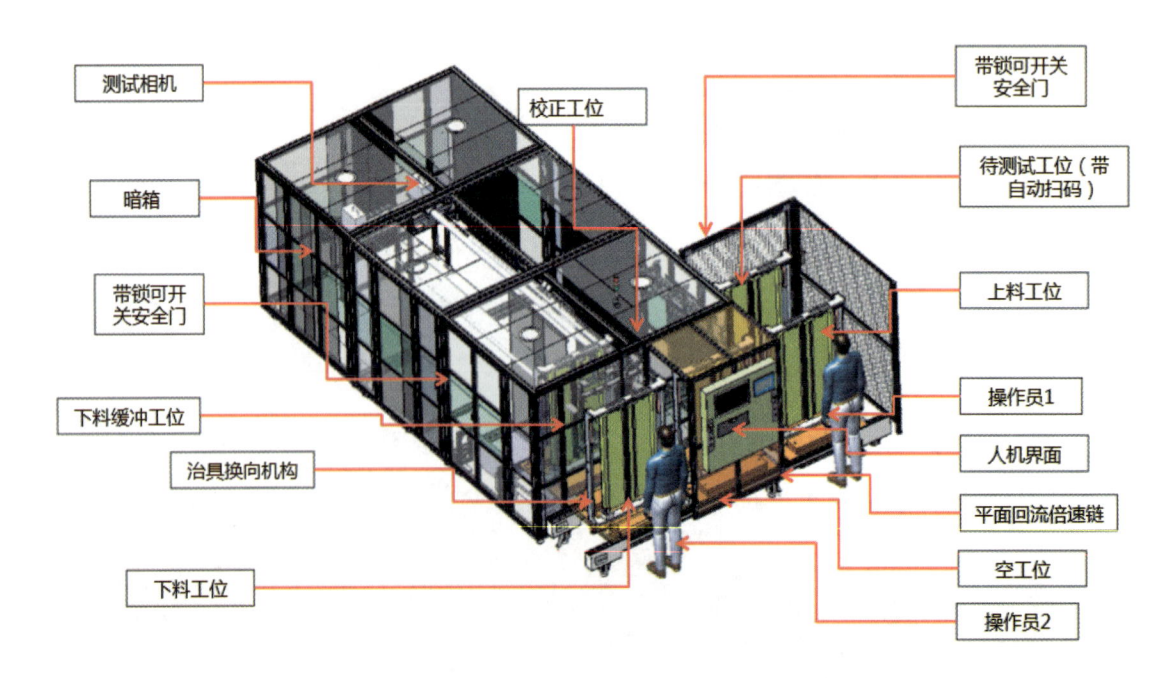

图 3-4-1 箱体产线校正设备结构

## 2. 模组产线校正

模组产线校正设备采用两张发送卡控制，可采用单工位，上料下料可由单人操作，模组产线校正设备结构如图 3-4-2 所示。此设备中，图像采集和数据保存操作也是并行运行的。

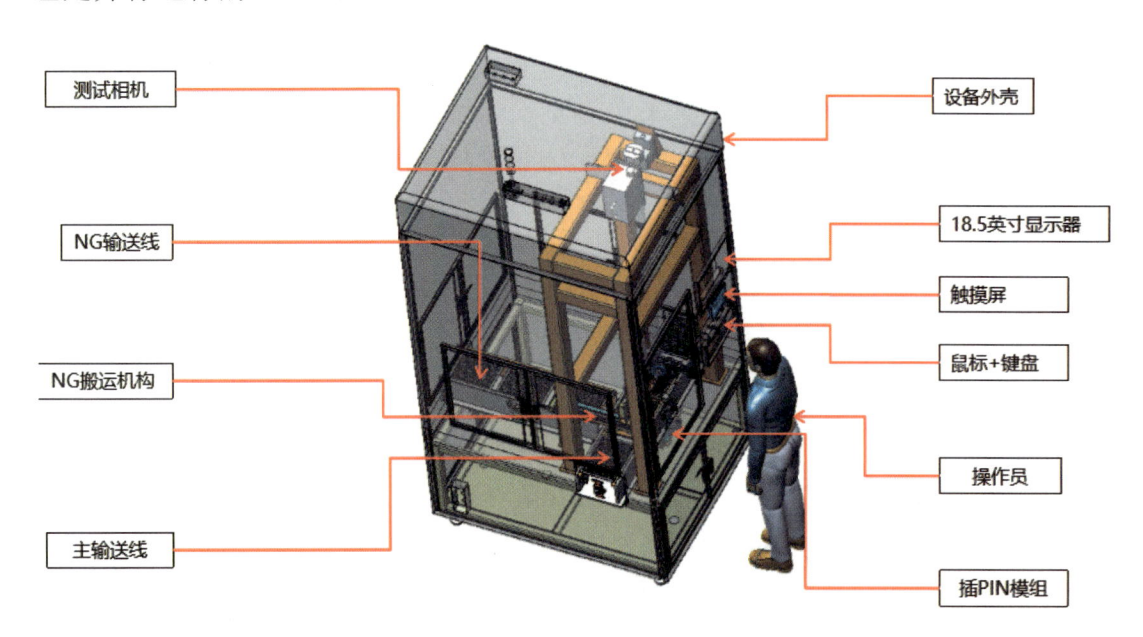

图 3-4-2　模组产线校正设备结构

## 3. 自动化产线校正

自动化产线校正的原理和箱体产线校正的原理一样，都是通过相机采集 LED 箱体上每个灯珠的亮色度信息，然后将采集到的信息上传到校正软件。校正软件经过分析计算后得出校正系数。最后将校正系数通过控制器发送并保存到接收卡中，最终完成校正过程，自动化产线校正的原理如图 3-4-3 所示。

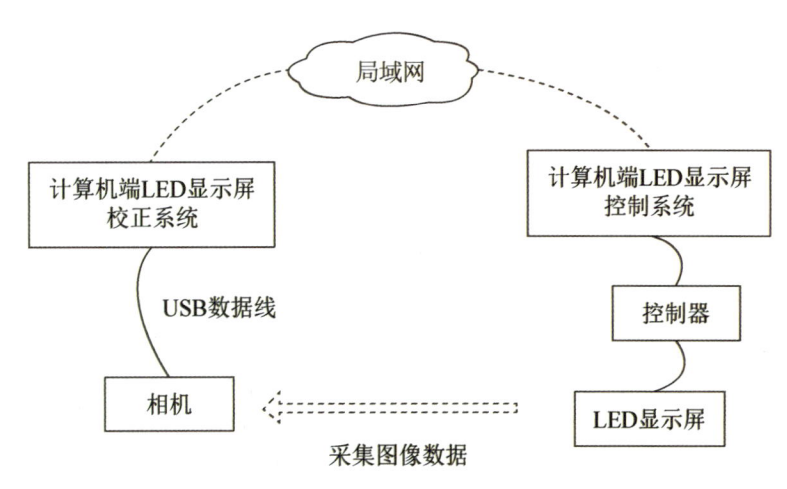

图 3-4-3　自动化产线校正的原理

自动化产线校正的实施流程步骤表如表 3-4-1 所示。

表 3-4-1　自动化产线校正的实施流程步骤表

| 前期工作 | 校正流程 | 完成校正 |
| --- | --- | --- |
| ① 控制计算机对校正箱体进行控制，设置局域网。<br>② 与校正计算机进行连接。<br>③ 通过 USB 数据线连接相机 | ① 校正系统通过局域网，发送命令到控制计算机。<br>② 命令控制计算机，使箱体出现图像。<br>③ 校正计算机命令相机进行采图操作。<br>④ 采集完毕，校正计算机进行校正系数生成操作。<br>⑤ 校正计算机通过局域网把校正系数传输到控制计算机。<br>⑥ 校正系数上传到箱体 | ① 查看校正效果是否正常，若校正效果正常，则取下箱体，完成校正。<br>② 若校正效果异常，则通过轨道继续流入待校正区域 |

### 3.4.3　典型案例分析

项目背景：客户主打海外高端客户，主要产品为租赁用 LED 产品，用于舞台、演播室、现场演唱会等场合，所以对 LED 模组的亮色度均一性要求很高。

终端客户要求：LED 显示屏亮色度均一性较好，校正后租赁屏现场随意拼接，完整清除箱体内拼接亮暗线。

客户要求：校正效率为 1min 内完成一个箱体校正，按标准化操作流程实施所有操作步骤，快速完成大批量校正，产线校正流水线如图 3-4-4 所示。

项目完成情况：校正后 LED 显示屏亮色度均一性较好，校正后任意拼接，箱体内拼接亮暗线，得到客户的认可。校正效率为平均 50s 可以完成一个箱体校正，可以稳定运行 3 万个箱体。

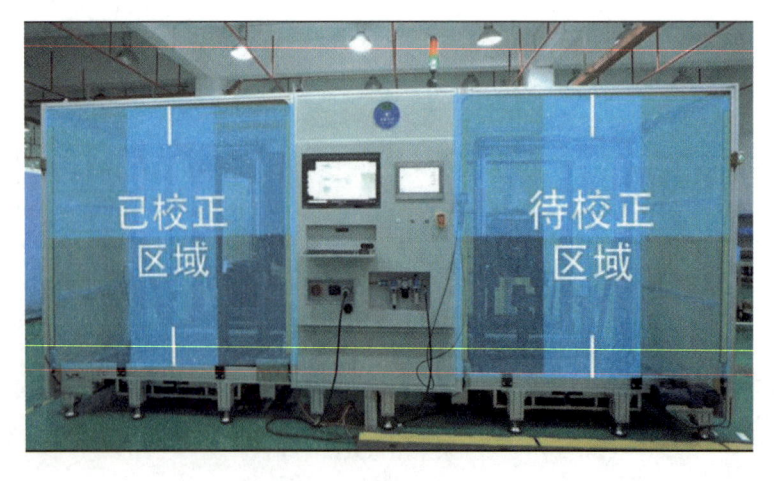

图 3-4-4　产线校正流水线

第 3 章 箱体校正方案

新型产线校正设备配合标准化的操作流程，使得校正过程非常简便，所有操作只需要几个步骤即可完成，产线校正操作步骤如图 3-4-5 所示。

（1）将箱体放入夹具。

（2）在箱体进入暗室后单击"确认"按钮。

（3）单击"开始"按钮进行校正程序。

（4）完成校正，取下箱体，进行下一个箱体的校正。

图 3-4-5　产线校正操作步骤

# 第4章

# 校正小工具

在校正软件和 NovaLCT 软件中,还有很多小工具可以帮助我们调节校正系数、优化校正效果,如亮点修正、亮暗线调节、备用模组系统数管理、灯板 Flash、校正系数分割融合、校正效果调节等,下面我们就来介绍几种常用的小工具。

## 4.1 亮点修正

当对 LED 显示屏进行校正时,如果相机镜头中沾染灰尘等杂质,就会导致 LED 显示屏校正后出现亮点。亮点过多,会严重影响显示效果,所以必须对校正后的亮点进行修正。下面介绍 3 种亮点修正的完整解决方案。

### 4.1.1 校正取景时规避亮点

因镜头带有灰尘而造成的亮点在 LED 显示屏中的位置相对固定,对应在相机镜头和取景框中的位置也相对固定。所以如果条件允许,在相机取景时可尝试避免将需要校正的画面放到有亮点的取景框中。具体操作步骤如下。

(1)正常校正一个分区,观察亮点所在位置。

(2)估计亮点在相机取景框中的所在位置,下次校正时尽量避免将需要校正的区域放置在该区域。

(3)找到相对较好的取景位置,完成所有校正。

**小课堂**

此方法使用时受环境影响较大,当屏幕较大、亮点较多时,取景框设置太小会导致校正过程中灯点定位不准,影响校正效率。

### 4.1.2 使用亮点修正工具修正

如果通过调整校正取景范围仍无法在校正过程中避免亮点,可在校正完成后,通过 NovaLCT 软件中的亮点修正功能手动解决。该功能适用于所有接收卡和发送卡,使用前提是显示屏已经经过校正且有保存好的箱体或全屏数据库文件。具体操作步骤如下。

## LED 显示屏校正技术

（1）登录 NovaLCT 软件主界面，选择"工具"→"更多"→"亮点修正"命令，如图 4-1-1 所示。

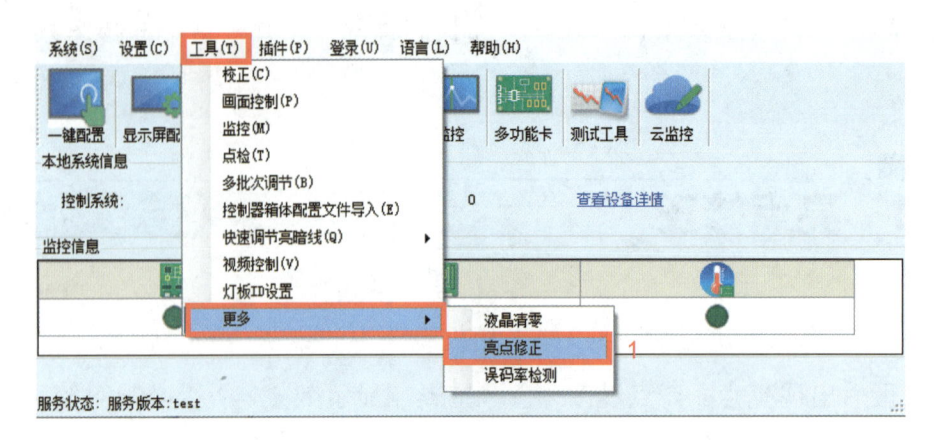

图 4-1-1　NovaLCT 软件主界面

（2）打开如图 4-1-2 所示的亮点修正界面，在右侧"显示屏选择"选区中选择显示屏序号。如果有多个屏体，则选择相应屏体。

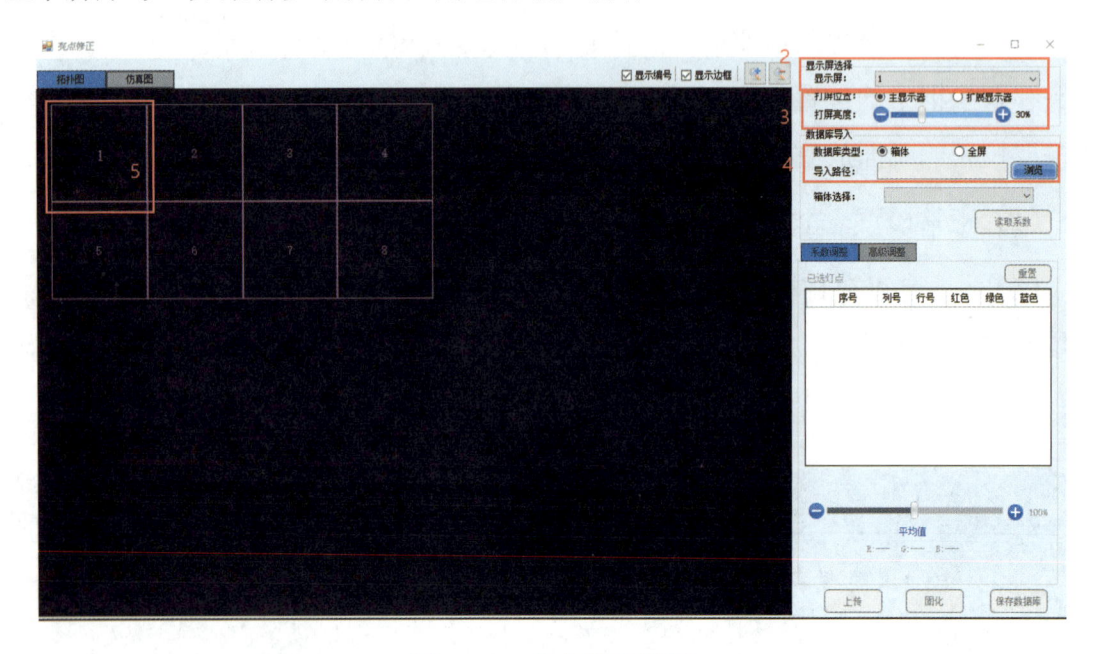

图 4-1-2　亮点修正界面

（3）将"打屏位置"设置为"主显示器"。当屏体过大时，应选择在扩展模式下操作。

（4）单击"浏览"按钮载入对应箱体、全屏校正数据库。

（5）在左侧"拓扑图"界面会出现当前数据库中所有箱体的拓扑图，此时双击拓扑图中需要修改的箱体，会出现当前箱体所有像素点修正系数的仿真图。图中每个点代表一个像素，亮暗程度代表修正系数的不同。

（6）此时，可对照屏幕实际位置，单击仿真图中的亮点位置，或者框选亮点区域并单击"√"按钮，框选或点选需要修改的亮点，如图 4-1-3 所示。

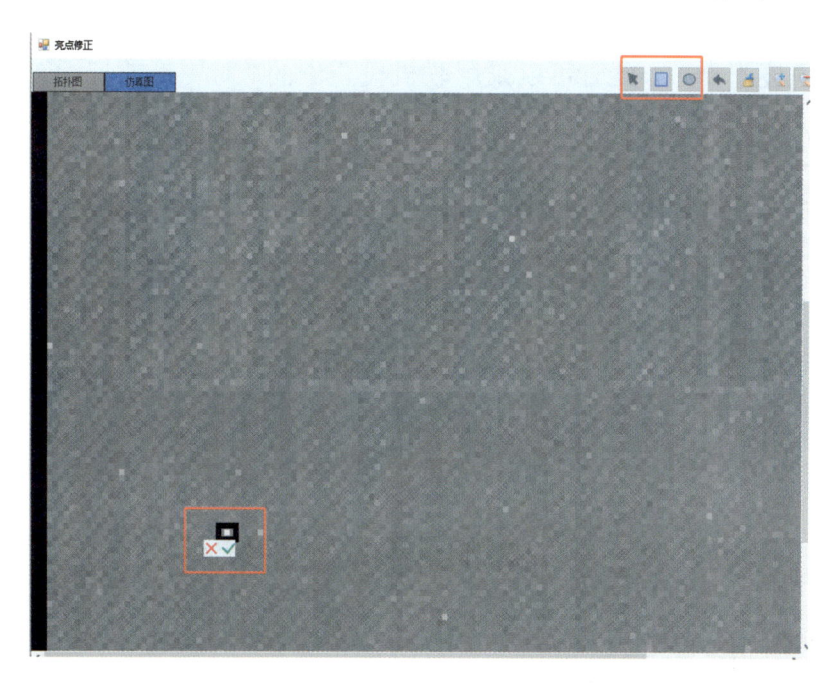

图 4-1-3　框选或点选需要修改的亮点

（7）在弹出的界面中，单击"系数调整"或"高级调整"按钮，对所选区域亮度进行提升或者降低，使它与周围亮度一致。

（8）调节完成后，单击"上传"→"固化"按钮，将配置信息固化到硬件。

（9）单击"保存数据库"按钮，将配置信息保存到当前校正数据库文件，如图 4-1-4 所示。

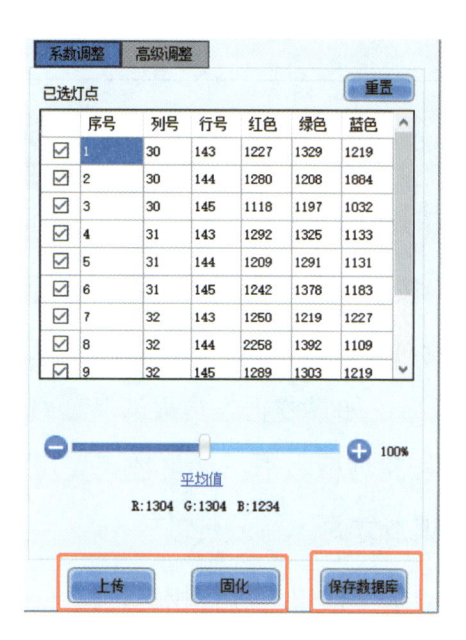

图 4-1-4　保存亮点修正数据

# LED 显示屏校正技术

## ▶ 4.1.3 使用备用模组校正修正

如果 LED 显示屏已经做过校正,但在后期维护过程中,由于更换模组,新模组与屏体亮色度不一致,此时可以采用联机校正中的"对更换的灯板进行校正"方法对亮点所在模组进行重新校正,具体步骤如下。

(1)登录 NovaLCT 软件主界面,单击"校正"→"校正方式"按钮,在"校正方式选择"选区中单击"对更换的灯板进行校正"单选按钮,如图 4-1-5 所示。

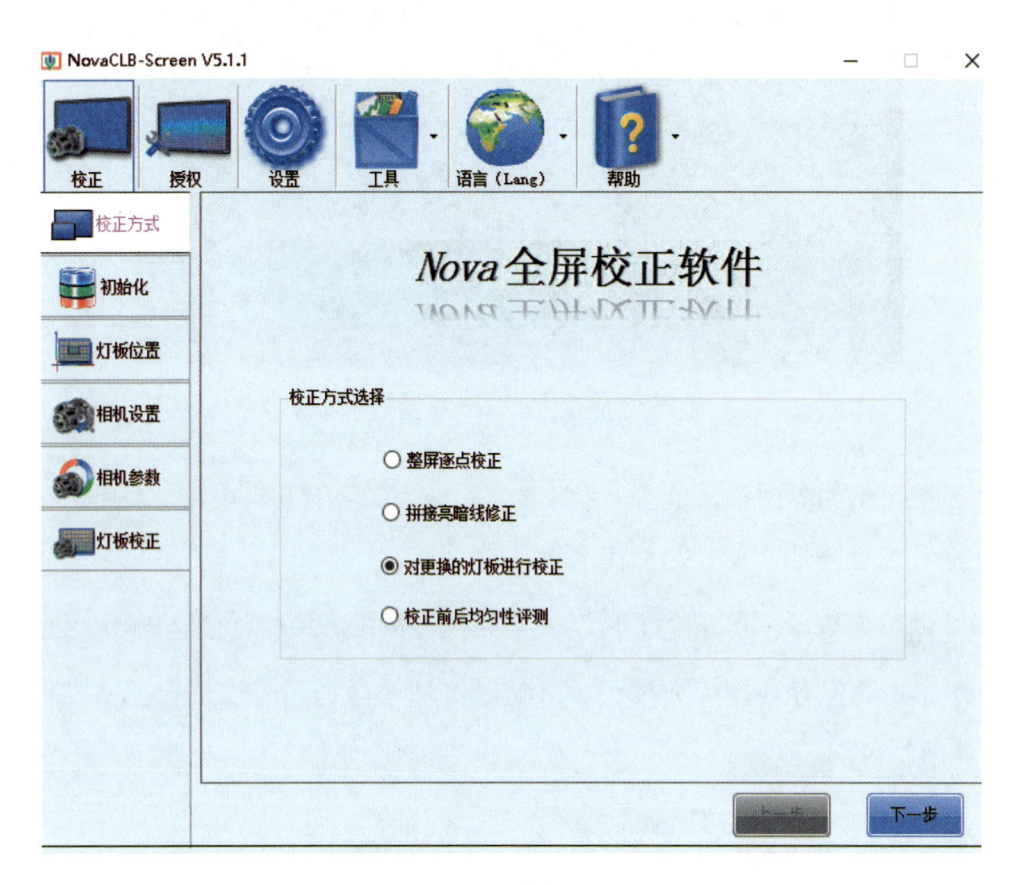

图 4-1-5  选择对更换的灯板进行校正

(2)单击"初始化"按钮,步骤与全屏校正相同,请参考全屏校正部分。

(3)单击"灯板位置"按钮,在打开的界面中对灯板位置进行参数设置。只有准确定位新灯板位置,才能对其进行校正。确定灯板所在位置有手动设置和辅助识别两种方式,如图 4-1-6 所示。如果校正人员很清楚新灯板的坐标位置,则可采用手动设置方式快速设好坐标和灯板大小;如果校正人员不能准确定位新灯板的坐标位置,则建议选用辅助识别方式。

设置完成后单击"下一步"按钮,进行相机连接。

第4章 校正小工具

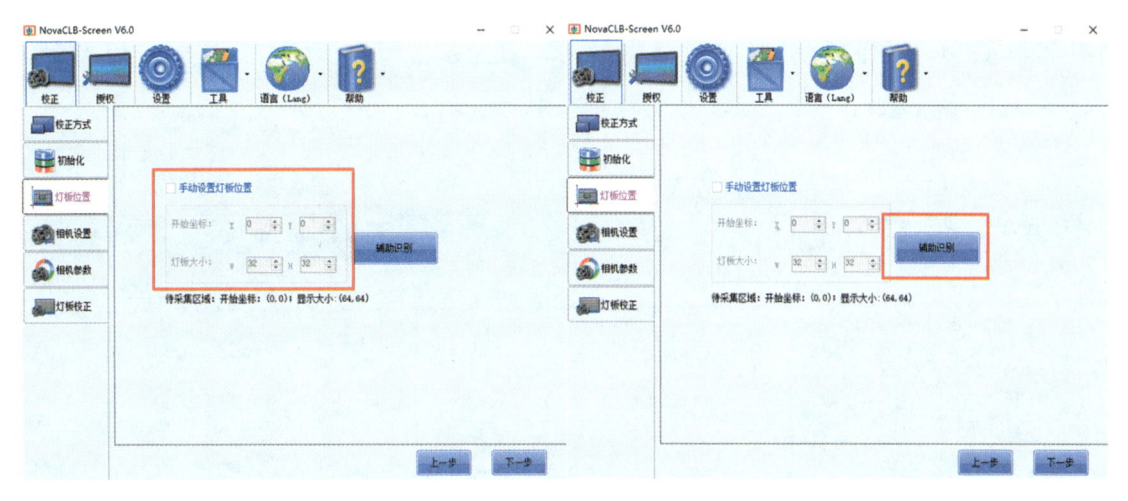

图 4-1-6 设置灯板位置

### 小课堂

"辅助识别"模式的设置方法

1. 单击"辅助识别"按钮，进入设置界面。

2. 输入"灯板大小"数值，单击"下一步"按钮，此时可以看到显示屏被分成编有序号的多个分区（软件默认按照每个分区有4×4个灯板来进行划分），显示屏分区如图4-1-7所示。

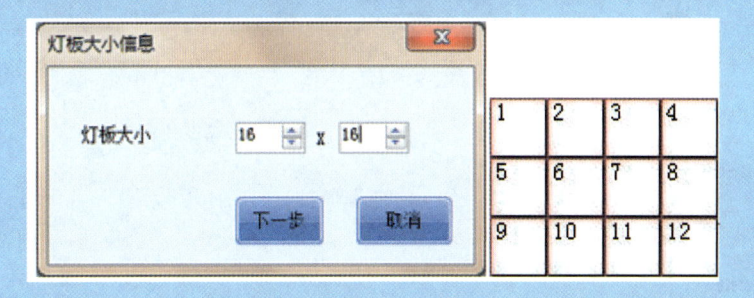

图 4-1-7 显示屏分区

3. 观察LED显示屏，在"新灯板所在的区域编号为"下拉列表中设定新灯板的区域编号，然后单击"下一步"按钮，如图4-1-8（a）所示。显示屏上将单独显示该分区，且显示灯板编号。

4. 用户可以单击"重设区域大小"超链接，重新设置每个区域的灯板个数。设置完成后，单击"重新定位"→"确认"按钮，如图4-1-8（b）所示，显示屏上会显示重新定位后的区域划分。

5. 确认新灯板的编号，单击"完成"按钮，如图4-1-8（c）所示。

113

# LED 显示屏校正技术

（a）区域选择

（b）重新划分区域

（c）确认灯板编号

图 4-1-8　辅助识别灯板位置设置

（4）校正过程中，相机必须与校正计算机保持正常连接，相机位置保持正对更换的灯板，且可以正常拍照。单击"相机设置"按钮，如果连接成功，则连接相机界面如图 4-1-9 所示。单击"下一步"按钮进入参数调节界面。在进行连接时需提前对相机进行相关设置，具体操作可参考全屏校正方案中的相机设置。

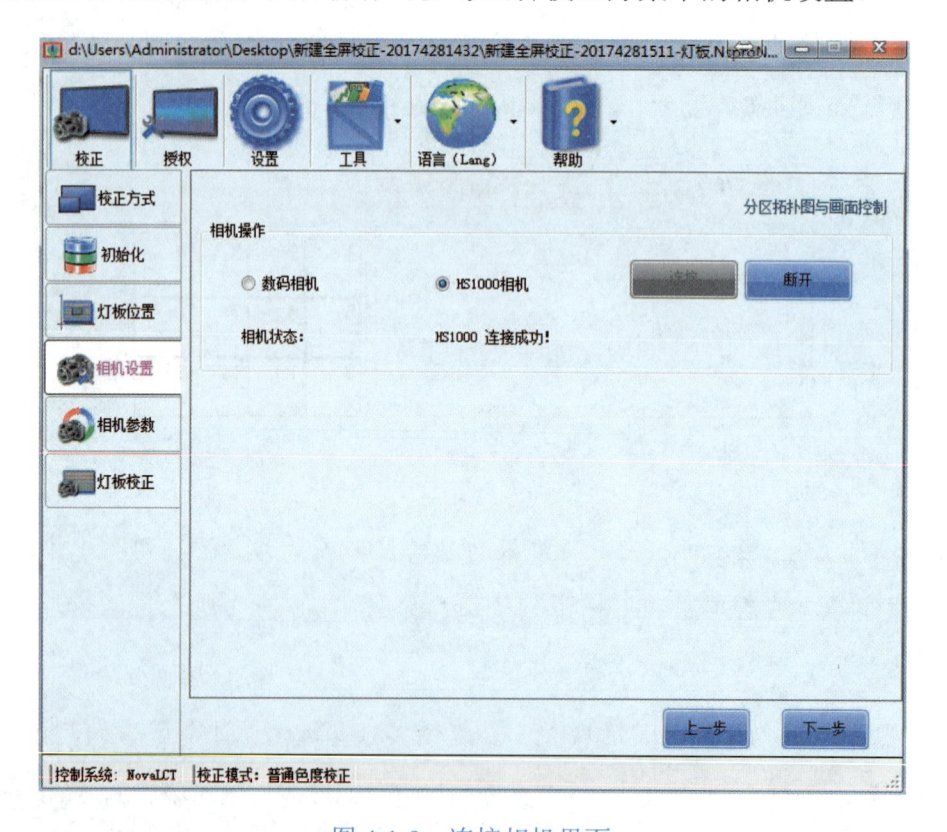

图 4-1-9　连接相机界面

（5）在设置相机参数时，无论采用手动调节方式还是自动调节方式，均需将相机的"饱和度"调整为"正常"，"成像大小"调整为"合适"，如图 4-1-10 所示。

详细步骤可参考全屏校正方案中的相机参数调节。

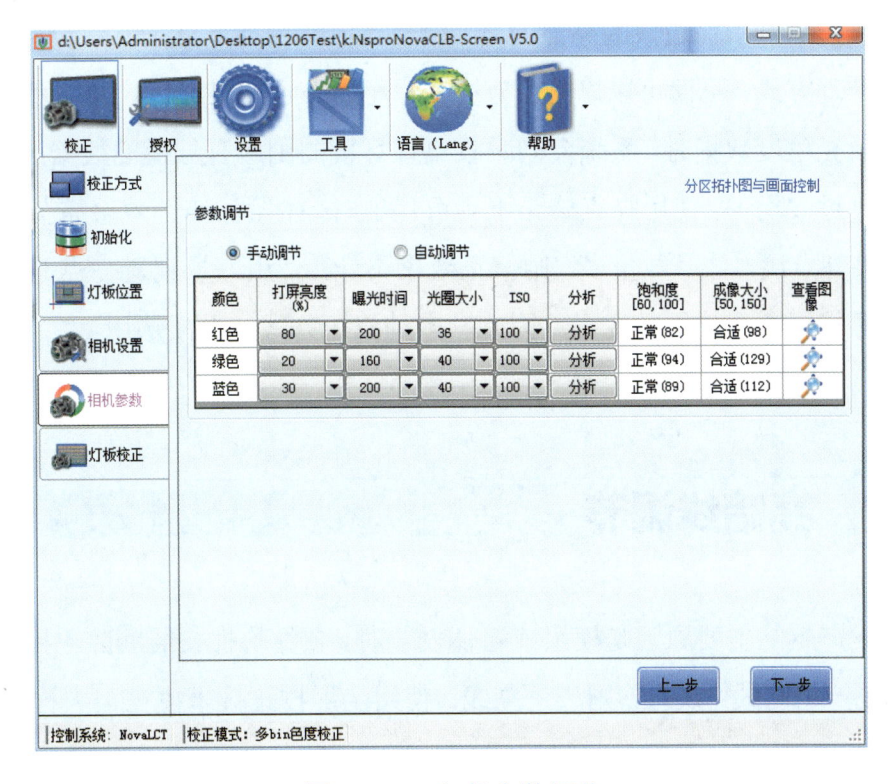

图 4-1-10　相机参数调节

（6）单击"灯板校正"按钮，在打开的界面中，单击"启动自动校正"按钮，软件将自动完成灯板的校正，如图 4-1-11 所示。

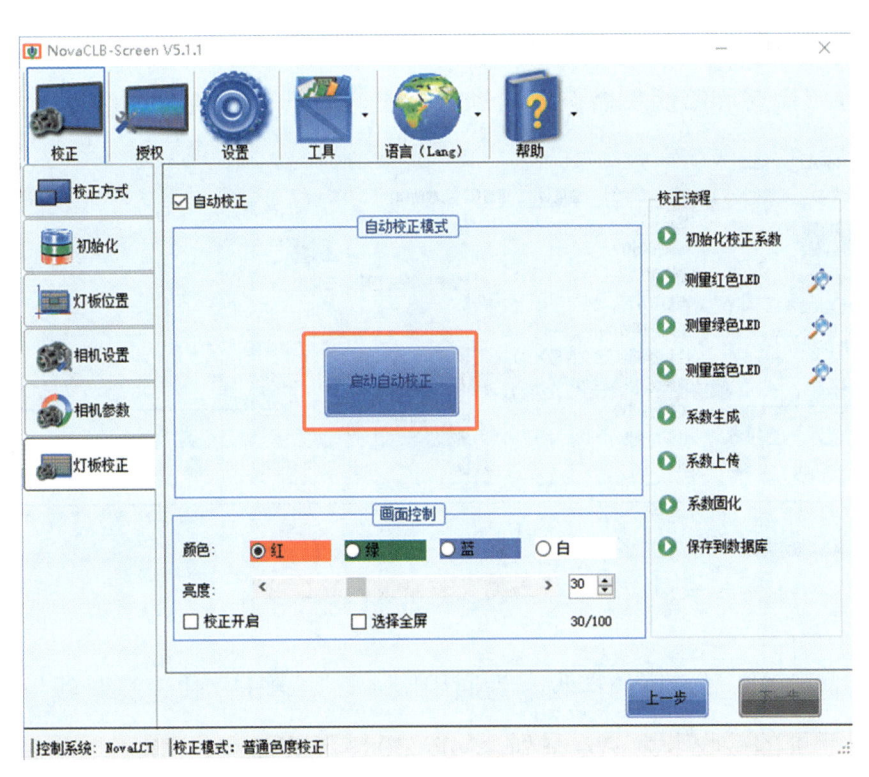

图 4-1-11　对亮点区域进行校正

## LED 显示屏校正技术

这种方法不仅可以用来对新更换的、有色差的灯板进行校正，而且可以用来处理由于相机镜头进灰而造成的亮点问题。相较其他两种亮点修正方法，该方法是一种通用的处理方式，不仅可以修正所有亮点，而且修正效果最好。这是因为在采集待修正灯板亮色度数据时，系统会同时收集该灯板周围所有灯板的数据，以保证修正后亮色度过渡均匀。使用亮点修正工具可保证时效性，但修正效果完全依赖人眼观察。如果亮点尺寸大、数量多，则修正效果不佳。使用取景规避亮点的方法则多受到校正环境影响，使用难度大。因此，多种修正方式应灵活选用。

## 4.2 亮暗线调节

亮暗线产生的主要原因是模组或箱体安装时，各结构件安装间隙不同，若安装间隙大，则产生暗线；反之，则产生亮线。使用全屏校正技术可在很大程度上改善亮暗线，但对于比较明显的亮暗线还需要进一步调节。此外，如果箱体在出厂时进行了箱体校正，则箱体内部均匀性可得到保证，完成整屏拼接后易出现亮暗线，通常现场也不具备再次全屏校正的条件，此时也只需要进行亮暗线手动调节即可。NovaLCT 软件集成亮暗线调节工具的操作方法如下。

（1）正确连接 LED 显示屏，登录 NovaLCT 软件，选择"工具"→"快速调节亮暗线"→"调节亮暗线"命令，启动"调节亮暗线"工具，如图 4-2-1 所示。

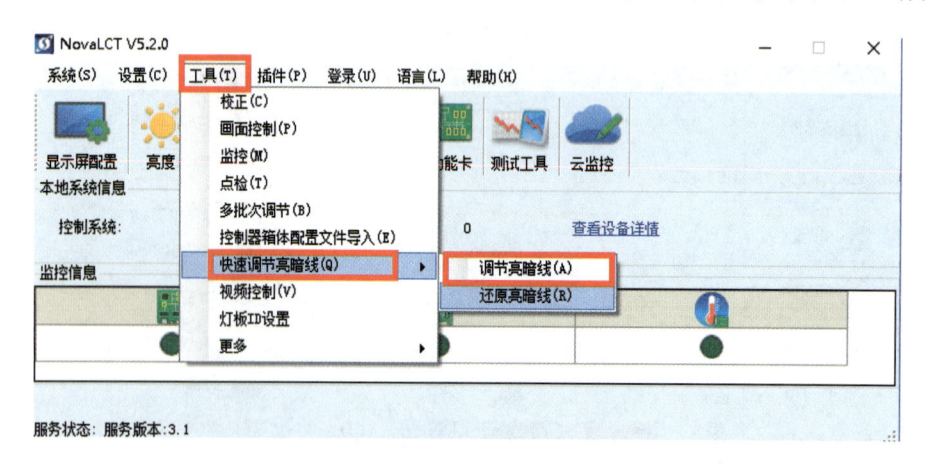

图 4-2-1 启动"调节亮暗线"工具

（2）如果 LED 显示屏的接收卡为通用版本，则单击"快速亮暗线"按钮；如果 LED 显示屏的接收卡为 Ax 系列、MRV308、MRV328、MRV316、MRV366、DF30、AxsV4.4.0.0 及以上版本，则单击"快速亮暗线（新版）"按钮，快速亮暗线功能界面如图 4-2-2 所示。

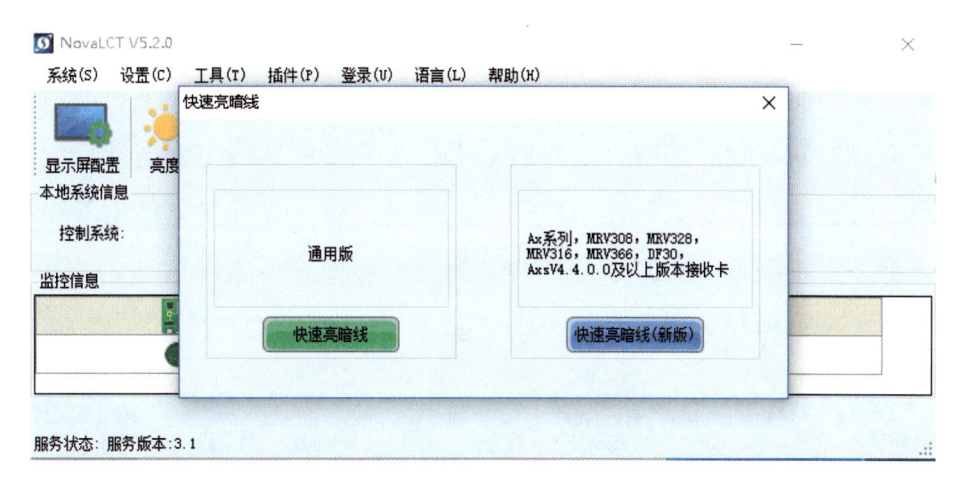

图 4-2-2　快速亮暗线功能界面

（3）打开快速调节亮暗线界面，如图 4-2-3 所示。

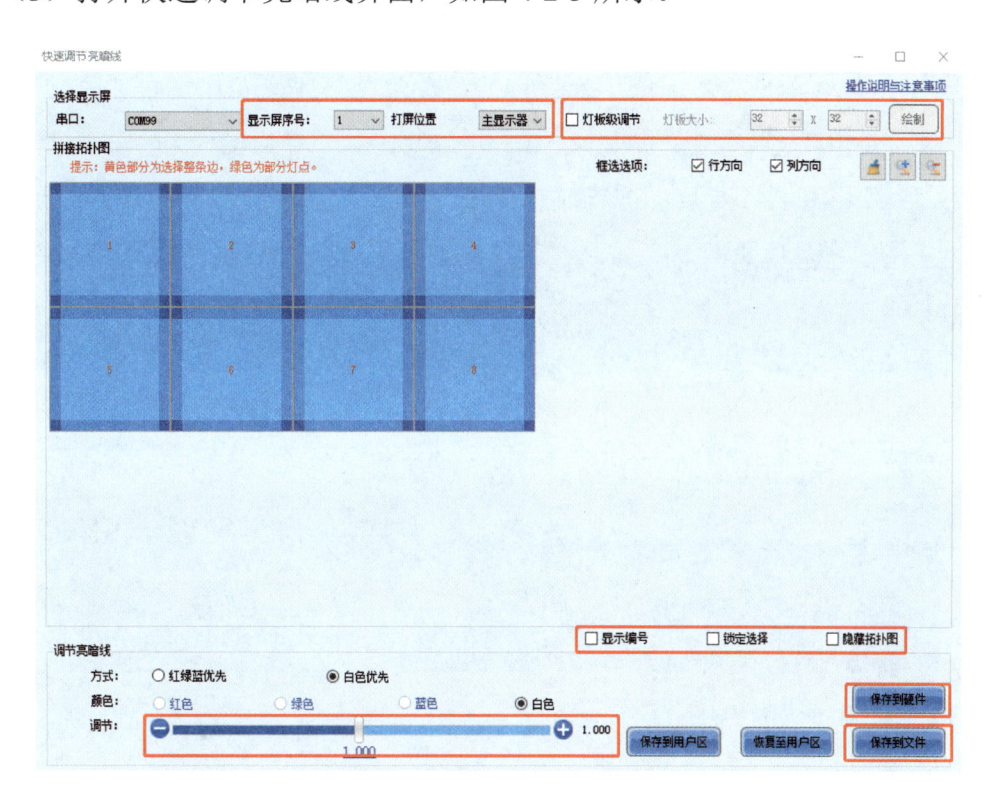

图 4-2-3　快速调节亮暗线界面

（4）在"显示屏序号"下拉列表中选择打屏位置。如果需要调节的屏幕有多个，一般设置"打屏位置"为"扩展显示"（此时计算机显卡应改为扩展模式）。

（5）勾选"灯板级调节"复选框，启用此功能可以进行灯板级的校正，在"灯板大小"选择框中设置灯板的尺寸。如果不勾选"灯板级调节"复选框，则默认箱体级校正。

## LED 显示屏校正技术

（6）调节拓扑图的大小或擦除已选择的区域，在打屏界面显示灯板或箱体的编号，在控制计算机中隐藏拓扑图（主要用于复制模式）。

（7）在拓扑图中选中需要调节的灯板或灯板缝隙，在界面下方"调节亮暗线"区域，可通过左右移动"调节"滑块或单击"＋""－"按钮来调节灯板的亮度，数值越高，灯板的亮度越大。调节完一个区域后，可在工具栏区域清除当前选区，并重新选择下一个区域，重复上述步骤，直至整屏效果令人满意。

（8）单击"保存到文件"按钮将调节操作存储在本地。

### 小课堂

1. 如果屏幕上有多处程度不一的亮暗线，则需要一条一条地修改。每修改完一条亮暗线后，需要单击"保存到硬件"按钮。如果没有保存，则在调节第二条亮暗线时，上一条修正效果会丢失。所有调节效果是叠加状态的，第二次调节是在第一次调节的基础上进行的。在所有调节完成后单击"保存到文件"按钮，该文件会记录所有被保存的调节操作，用于恢复。

2. 在拓扑图中双击某条亮暗线可以进入灯点级亮暗线调节界面，用于调整安装不平整，一条缝隙两端亮暗线程度不一样的情况。灯点级亮暗线调节界面如图 4-2-4 所示。

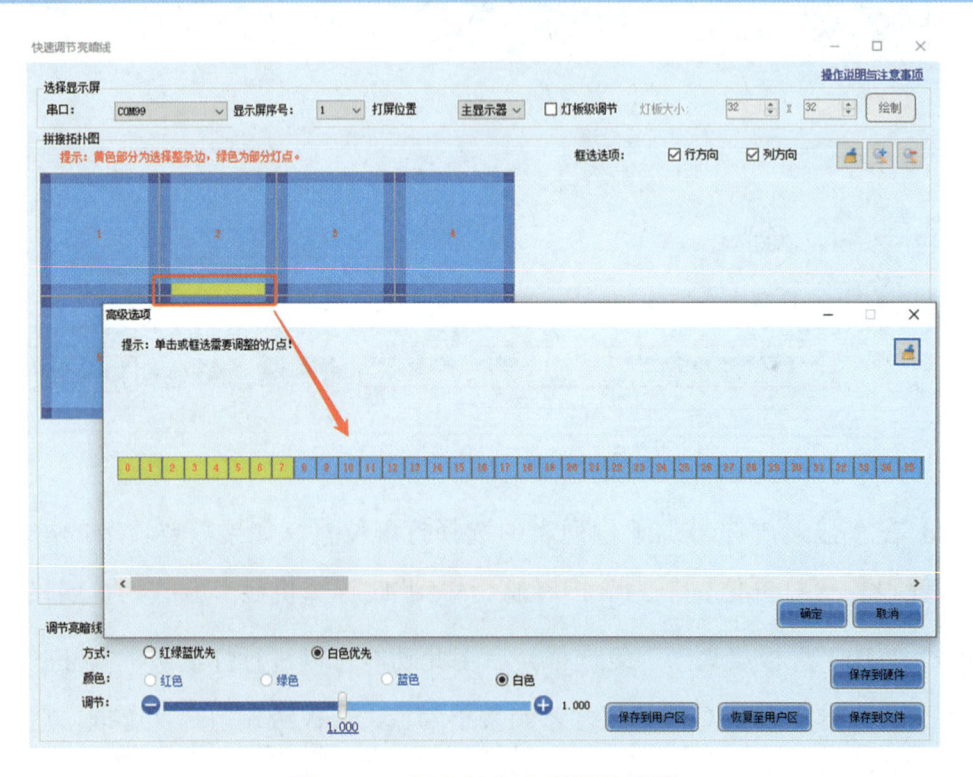

图 4-2-4 灯点级亮暗线调节界面

## 4.3 备用模组系数管理

在大型商演或会议等活动现场，如果 LED 显示屏中有一块模组突发故障，一般情况下更换模组后，新模组和原有模组会产生明显的亮色度差异，而现场条件又不允许对 LED 显示屏整屏进行校正。在这种情况下，可以使用"备用模组系数管理"功能解决问题，通过人眼判断及手动调节的方法达到新旧模组间亮色度基本一致的效果。具体步骤如下。

（1）以 NovaLCT 高级用户身份登录系统，进入显示屏校正界面。

（2）单击"系数管理"选项卡，单击"设置新灯板参数"按钮，如图 4-3-1 所示。

图 4-3-1　显示屏校正界面

（3）单击"按排布图或列表选择"单选按钮，并在新灯板所在的箱体上双击，以进入灯板选择界面。灯板选择界面如图 4-3-2 所示。

（4）设置"灯板大小"参数，并选择新灯板在箱体内的位置，如图 4-3-3 所示。

（5）选择系数来源。如果有灯板校正数据库文件，则单击"数据库"单选按钮，如图 4-3-4（a）所示；如果没有灯板校正数据库文件，则单击"参考周围灯板"单选按钮，如图 4-3-4（b）所示。

# LED 显示屏校正技术

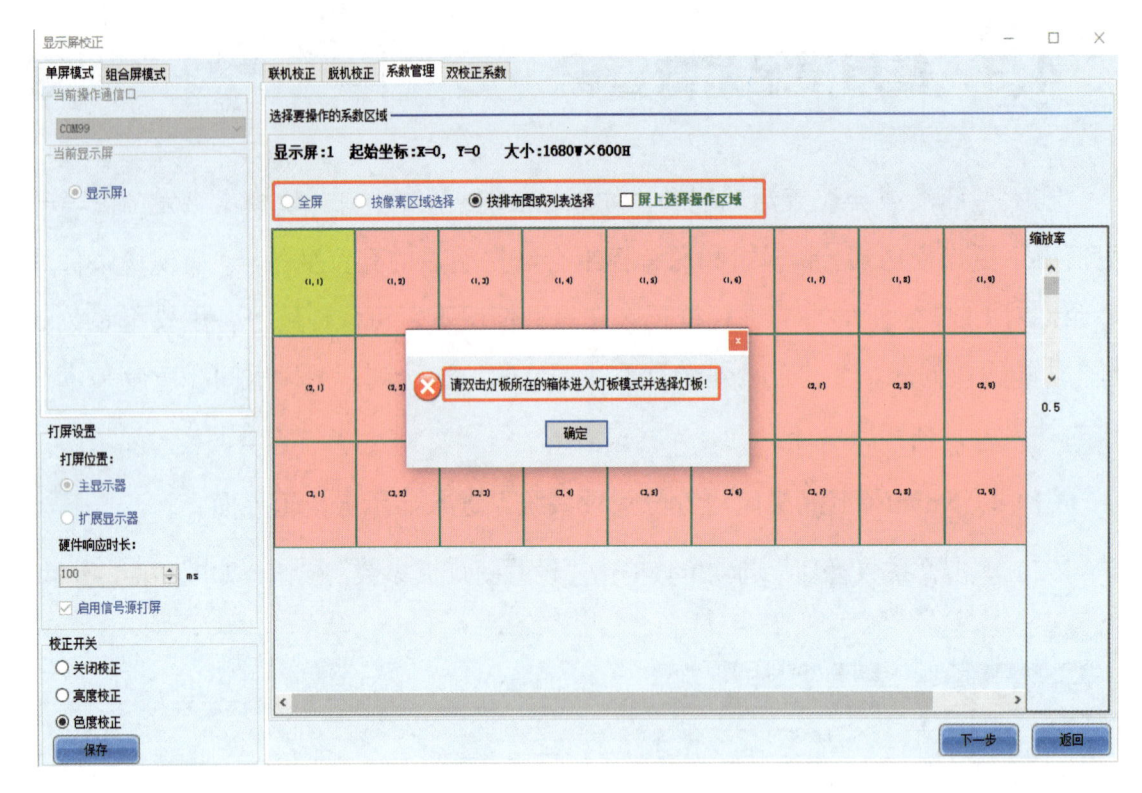

图 4-3-2　灯板选择界面

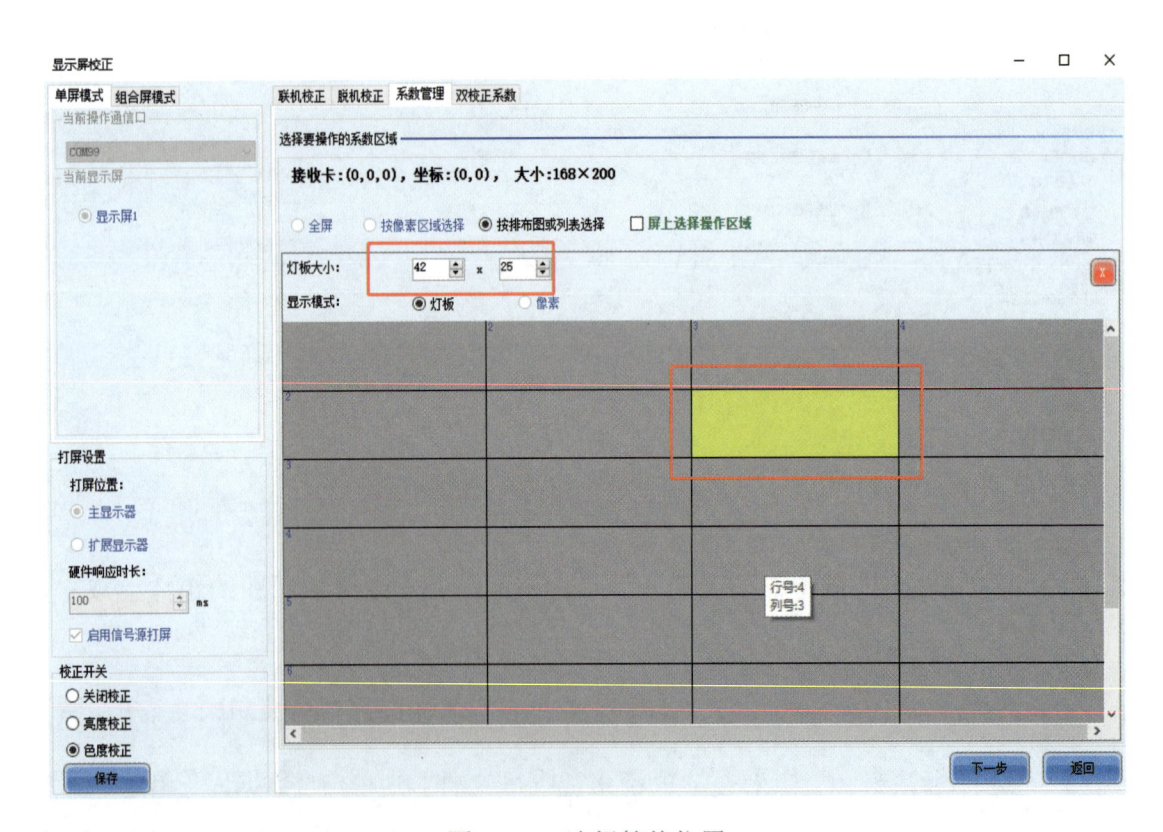

图 4-3-3　选择箱体位置

第 4 章 校正小工具

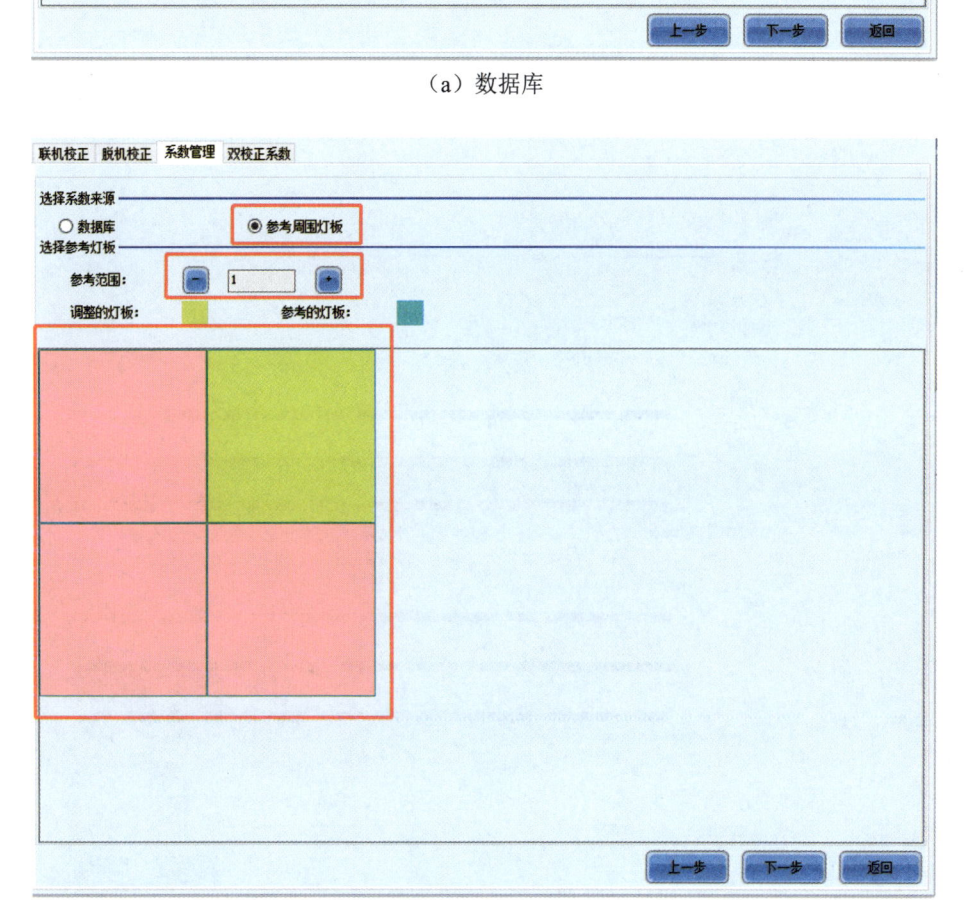

（a）数据库

（b）参考周围灯板

图 4-3-4　选择系数来源

（6）启用"色度校正"，并调节红、绿、蓝参数大小，使新灯板亮色度与屏体趋于一致。调节时可在"简单调节"与"高级调节"之间进行切换，这两种模式如

### LED 显示屏校正技术

图 4-3-5 所示。

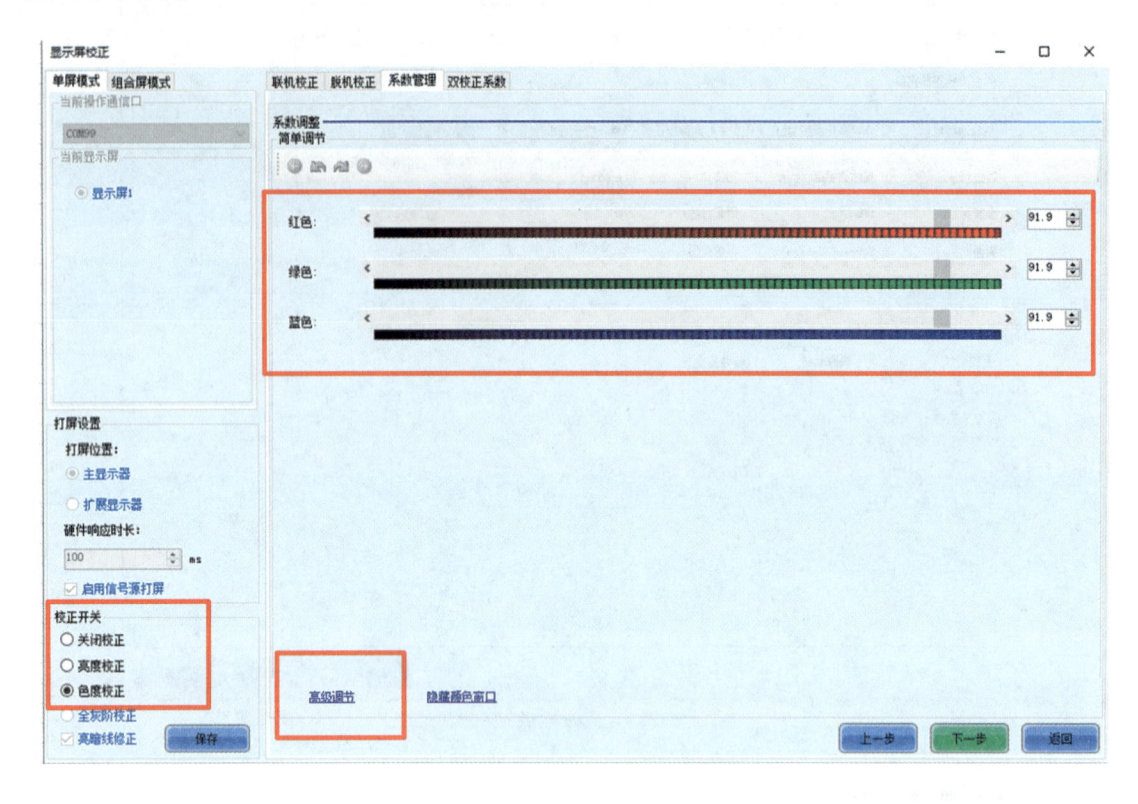

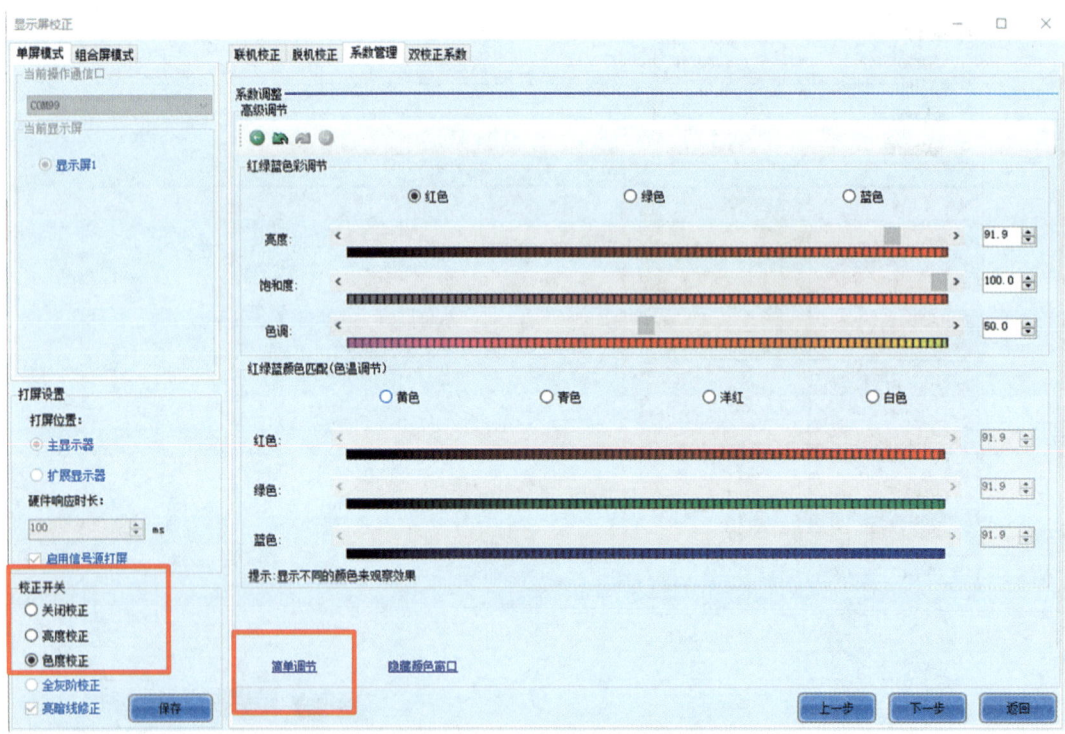

图 4-3-5　简单模式和高级模式

（7）单击"保存"按钮将设置保存到硬件，最后单击"完成"按钮，如图 4-3-6 所示。

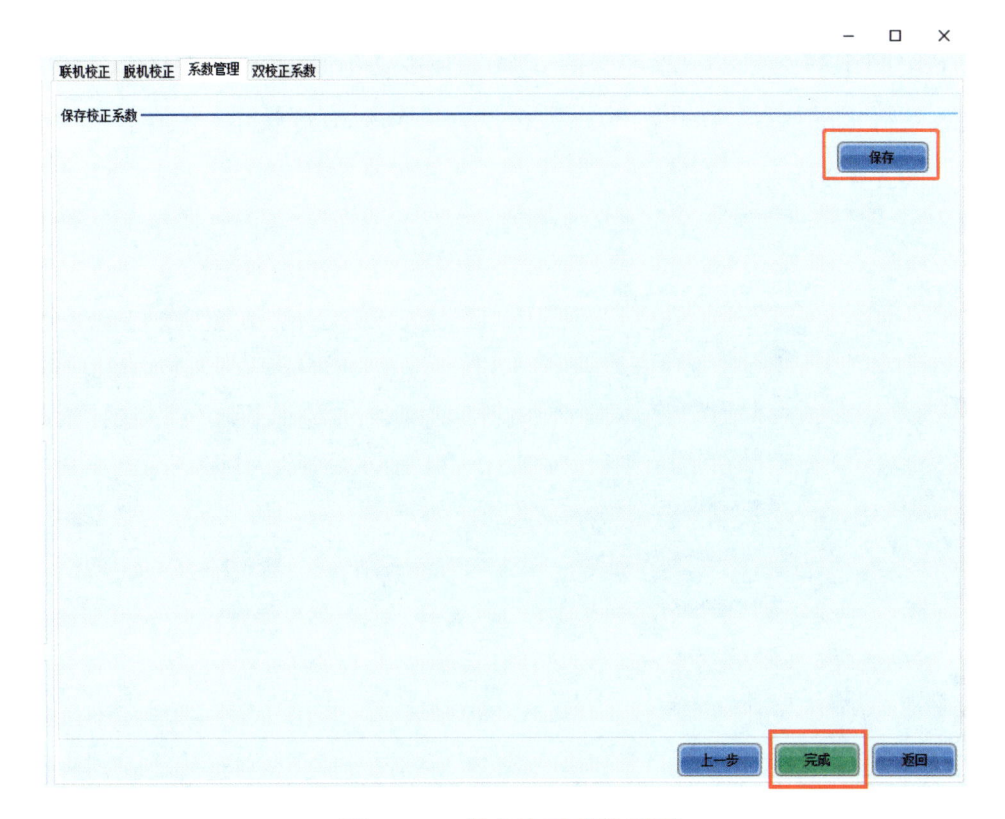

图 4-3-6　保存校正系数界面

## 4.4 灯板 Flash

常规校正方案中，所有校正系统、亮暗线调节系数、多批次调节系数等参数都是保存在接收卡中的。一旦接收卡损坏或者更换，就会给校正系数的管理带来麻烦。为了简化模组系数管理，部分厂家生产的模组具有灯板 Flash 功能，每块模组都有能力存储自己的校正系数，从而简化了系数加载、上传等步骤。但是，要使控制系统正确识别灯板 Flash 并加以利用，必须进行相应的配置，具体配置步骤如下。

（1）登录 NovaLCT 软件，打开显示屏校正界面，单击"系数管理"选项卡，在如图 4-4-1 所示的系数管理界面中单击"灯板 Flash"按钮，进入灯板 Flash 界面。

（2）如图 4-4-2 所示，在灯板 Flash 界面进行相应操作。

（3）保存校正系数到灯板，也就是将接收卡中的系数保存到灯板 Flash 中。"保存校正系数到灯板"的选项界面在单击"保存校正系数到灯板"按钮，并输入暗码"admin"后自动弹出。该操作通常用于灯板 Flash 系数不正确或丢失后，通过查

# LED 显示屏校正技术

看接收卡中的系数或通过数据库文件上传到接收卡并确认系数无误后，利用保存校正系数到灯板的操作，将正确的系数再次保存到对应灯板中。保存校正系数到灯板界面如图 4-4-3 所示。

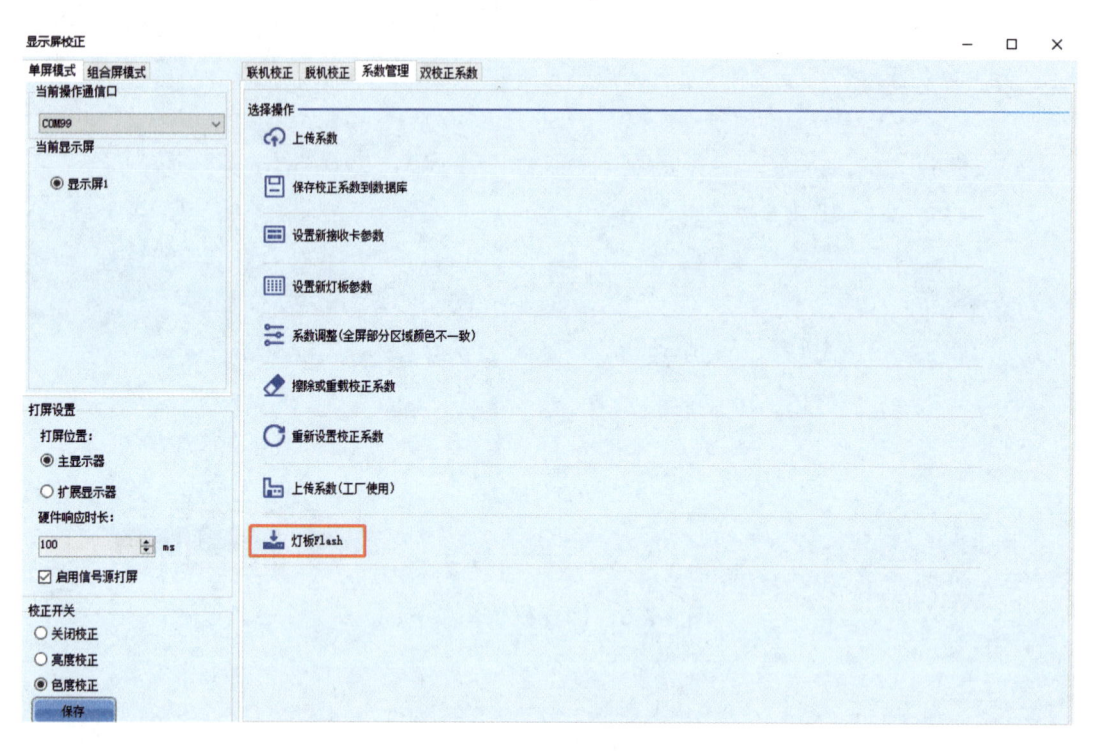

图 4-4-1　系数管理界面

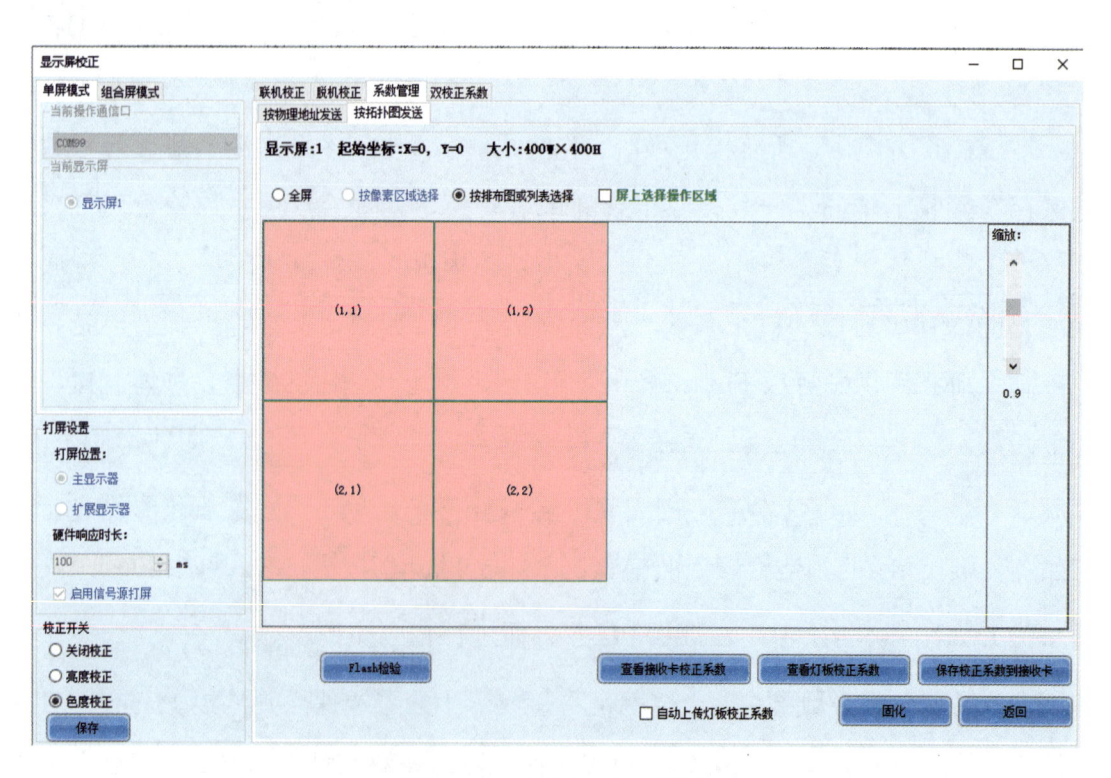

图 4-4-2　灯板 Flash 界面

第 4 章　校正小工具

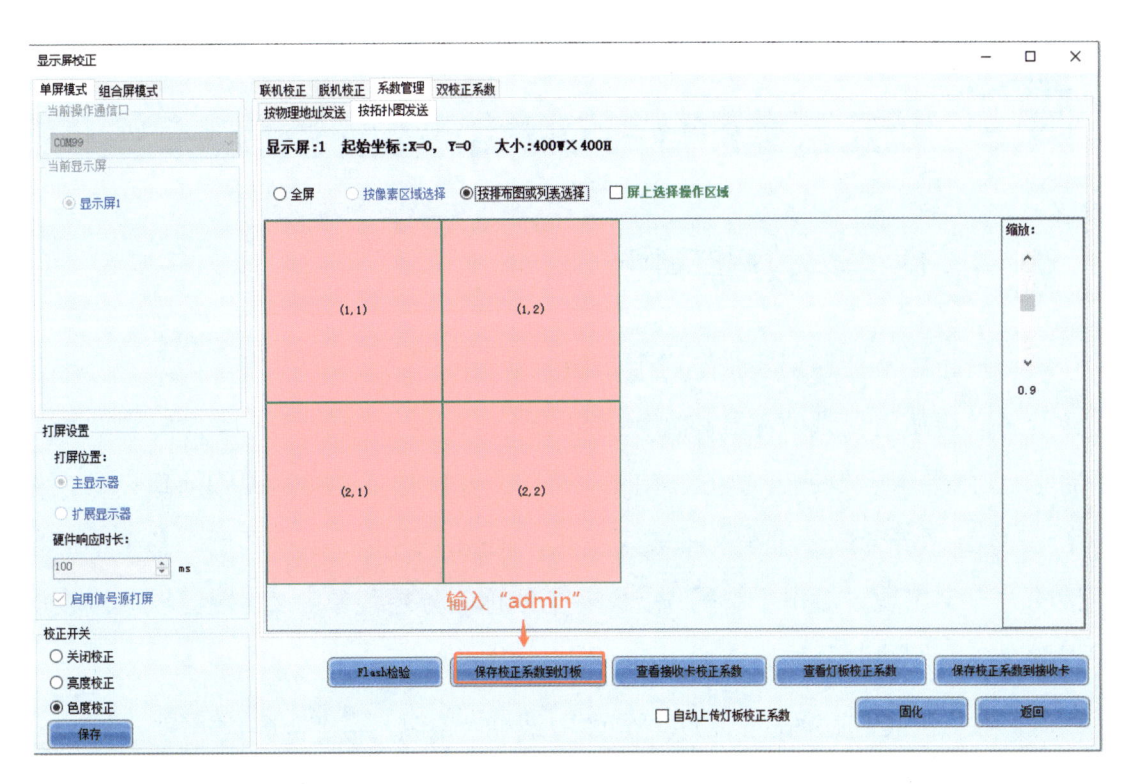

图 4-4-3　保存校正系数到灯板界面

## 小课堂

### 灯板 Flash 界面功能介绍

1. Flash 检验：用于检测接收卡与 Flash 芯片之间的通信。

① 说明：灯板 Flash 检验报错类型及原因。

② 硬件故障：配屏与实际不符，或 Flash 排布图与实际不符。

③ 通信错误：硬件连接问题。

④ Flash 排布异常：灯板无 Flash，或未在接收卡界面配置 Flash 排布。

2. 查看接收卡校正系数：查看接收卡中存储的系数。

3. 查看灯板校正系数：查看灯板 Flash 中存储的系数。当接收卡上的某个模组更换后，可以通过该功能查看新灯板上的系数是否正确。

4. 保存校正系数到接收卡：将灯板中的校正系数保存到接收卡中。

5. 自动上传灯板校正系数：勾选该选项后，控制系统上电时，如果检测到灯板 ID 发生变化，会自动将灯板中的校正系数上传到接收卡。

## 4.5 校正系数的分割与融合

### 4.5.1 全屏数据库融合

现场校正经常会遇到多张发送卡带载一块 LED 显示屏的情况，此时在显卡与发送卡之间会使用视频处理器和视频拼接器将画面拼接起来。所以，此时计算机显示器与 LED 显示屏不是点对点显示的，校正该屏幕时需要跳过视频处理设备，将整个 LED 显示屏分成若干小屏幕分别校正。但使用此方法校正之后，各个小屏幕相接的地方会出现过渡不平滑的现象，就是俗称的分层现象。该问题可以通过全屏数据融合工具解决，具体方法如下。

（1）在 NovaCLB-Screen 软件主界面中选择"工具"→"全屏数据融合"命令，如图 4-5-1 所示。

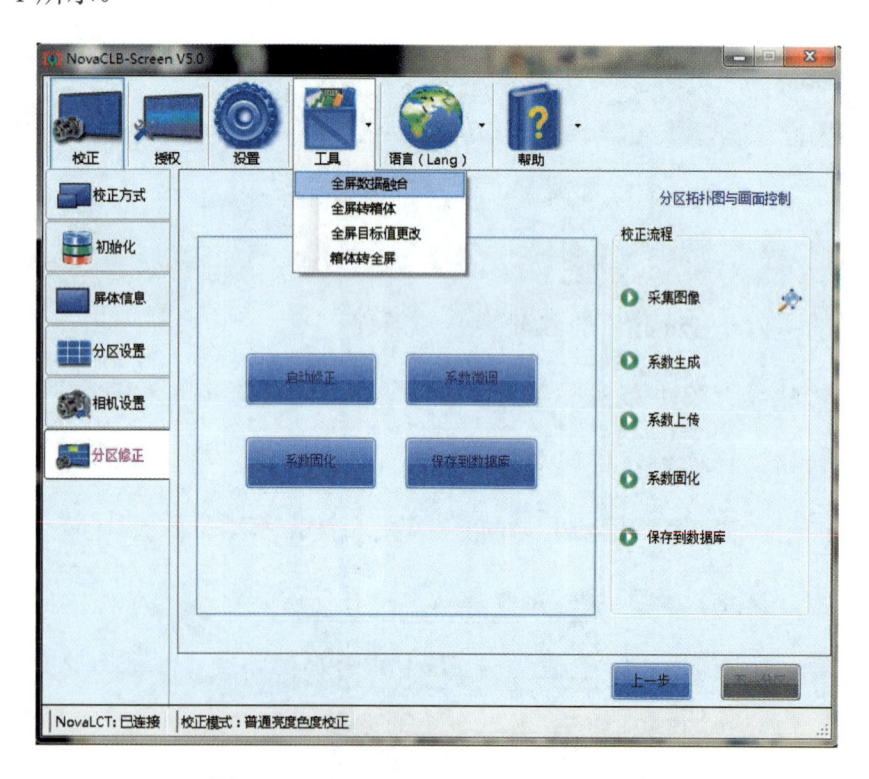

图 4-5-1　NovaCLB-Screen 软件主界面

（2）工具打开之后，假设全屏分成了四个区域进行校正，将分屏设置为 2 行 2 列，选中其中一个区域，单击鼠标右键，在弹出的快捷菜单中选择数据库，加载对应的全屏校正数据库，加载成功之后可看到此数据库的相关信息，按照同样的步骤加载所有区域对应的全屏校正数据库，如图 4-5-2 所示。

# 第 4 章 校正小工具

图 4-5-2　加载全屏校正数据库

（3）单击"选择"按钮设置融合后重新生成的数据库的存放路径。注意所有区域当前分辨率是否和整屏分辨率相匹配，确认匹配之后单击"区域融合"按钮。如果勾选"分屏数据库（多个）"复选框，那么将重新生成融合之后的四个数据库；如果勾选"整屏数据库（单个）"复选框，那么融合之后就会生成一个数据库。

（4）将新生成的全屏校正数据库重新上传系统，打开 NovaLCT 软件，单击"校正"→"系数管理"→"上传系数"按钮，如图 4-5-3 所示。

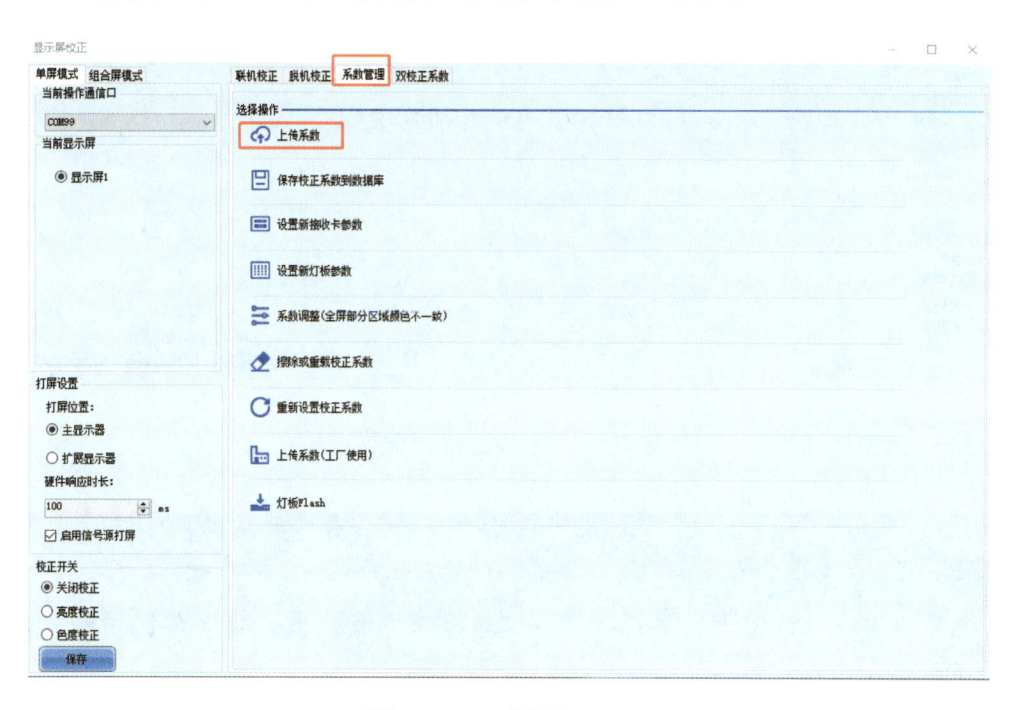

图 4-5-3　系数管理界面

## LED 显示屏校正技术

（5）单击"浏览"按钮，选择新生成的数据库，单击"下一步"按钮，单击"全屏"单选按钮，单击"下一步"按钮，如图 4-5-4 所示。

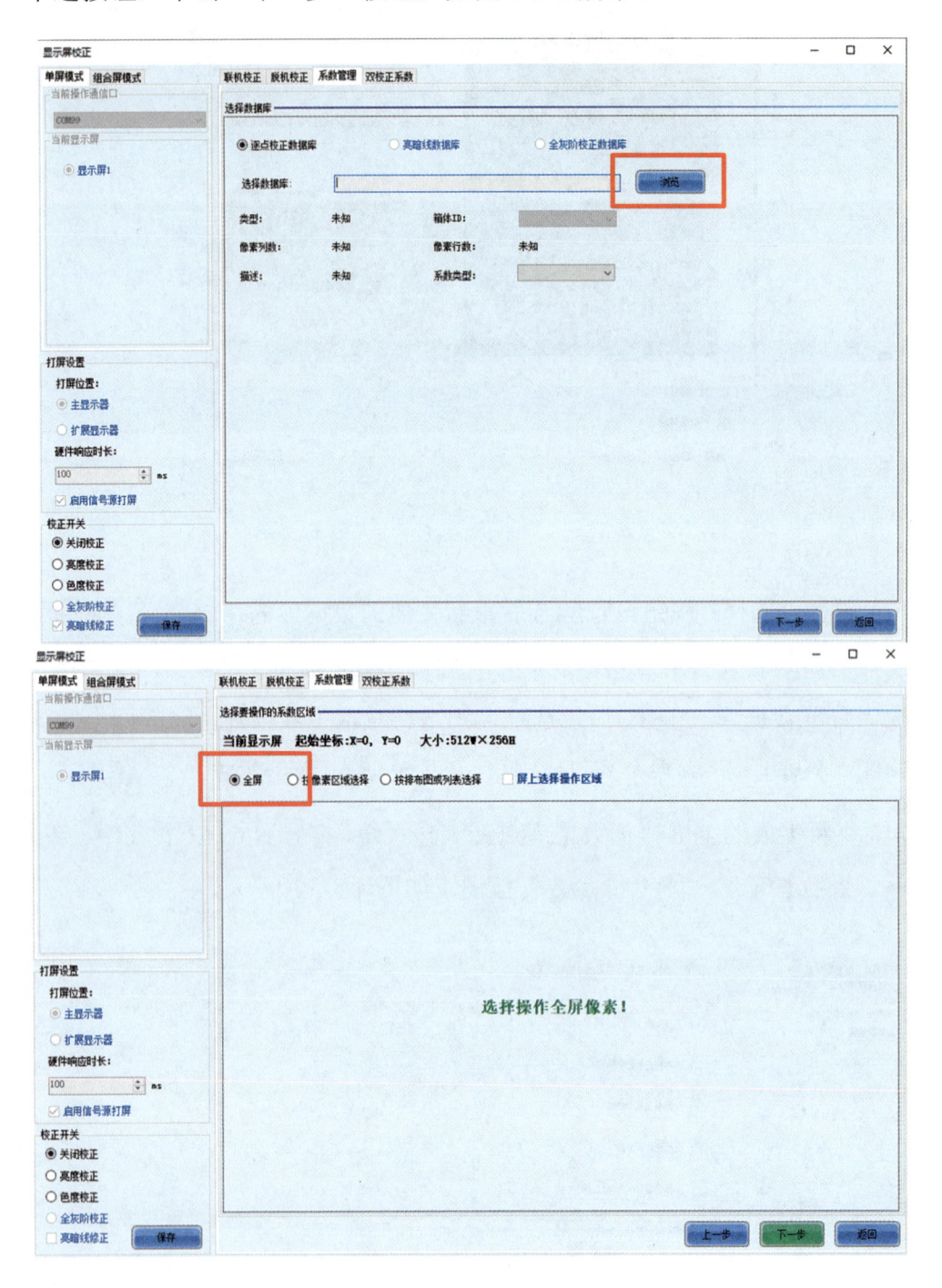

图 4-5-4　上传新校正系数

### 小课堂

也可以单击"按像素区域选择"或"按排布图或列表选择"单选按钮，只重新上传部分区域的新校正系数。

## 4.5.2 全屏转箱体

全屏转箱体的功能是将全屏数据库按照一定分辨率转成箱体或者灯板数据库。根据不同需求，可转成单个数据库或多个数据库。全屏转箱体入口路径如图 4-5-5 所示。

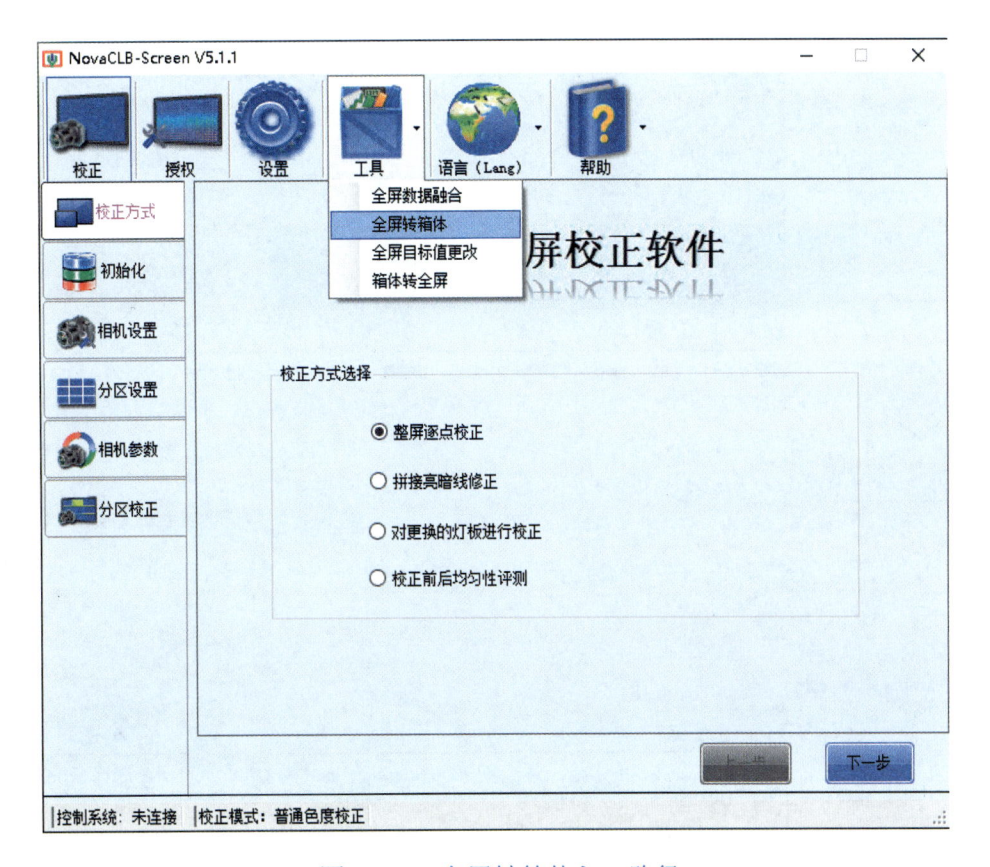

图 4-5-5　全屏转箱体入口路径

操作流程主要分为导入全屏数据库、绘制拓扑图、设置箱体分辨率、为箱体编号、设置数据库个数、设置文件路径、转换等，具体操作步骤如下。

（1）导入全屏数据库。选择"数据库文件"→"导入数据库"命令，导入全屏数据库，如图 4-5-6 所示。

（2）绘制拓扑图。在"拓扑图"中设置箱体的行列数，单击"绘制拓扑图"按钮，在软件右边窗口生成对应拓扑图，如图 4-5-7 所示。在此步骤中，箱体各行各列的分辨率加起来应该等于显示屏的分辨率，因此在知道各箱体分辨率的前提下，计算好箱体行列数。

（3）设置各箱体的分辨率。先选中要设置的箱体，再在界面左边"分辨率设置"选区设置好分辨率，然后单击"设置"按钮，如图 4-5-7 所示。

# LED 显示屏校正技术

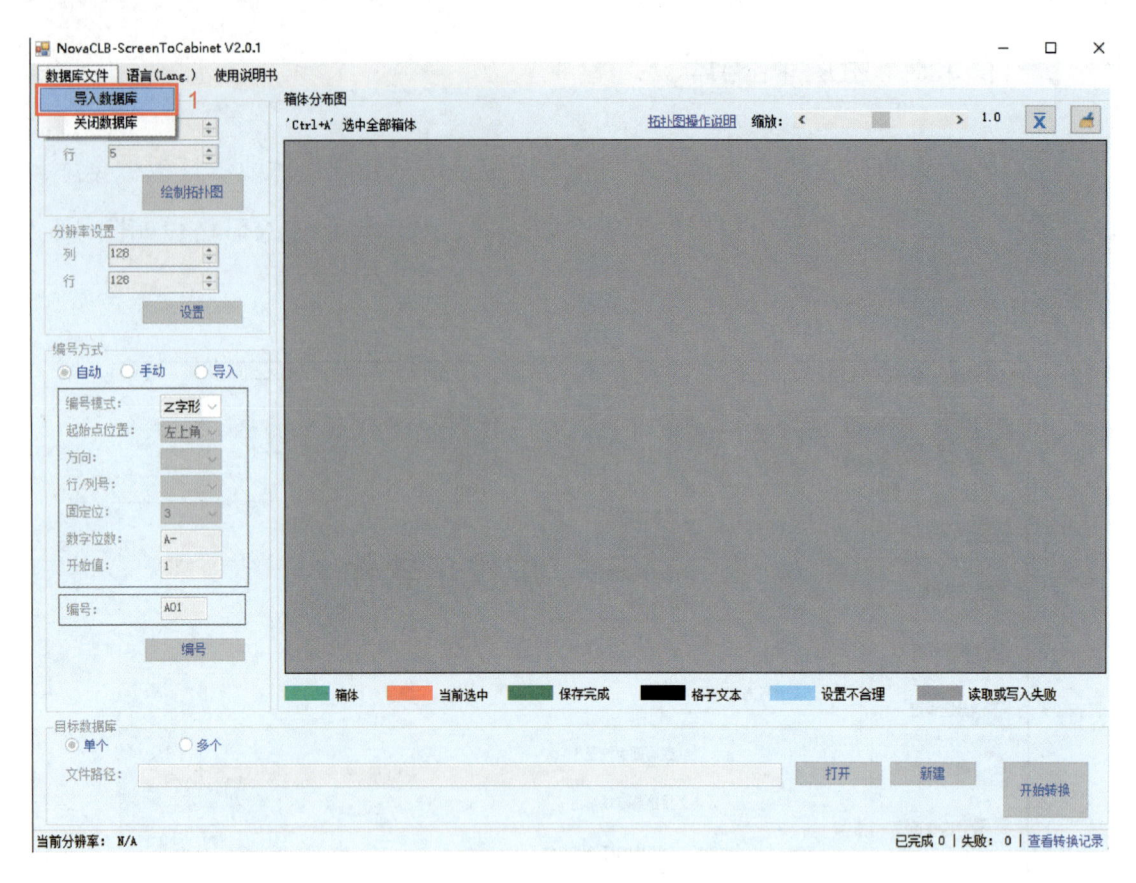

图 4-5-6　导入全屏数据库

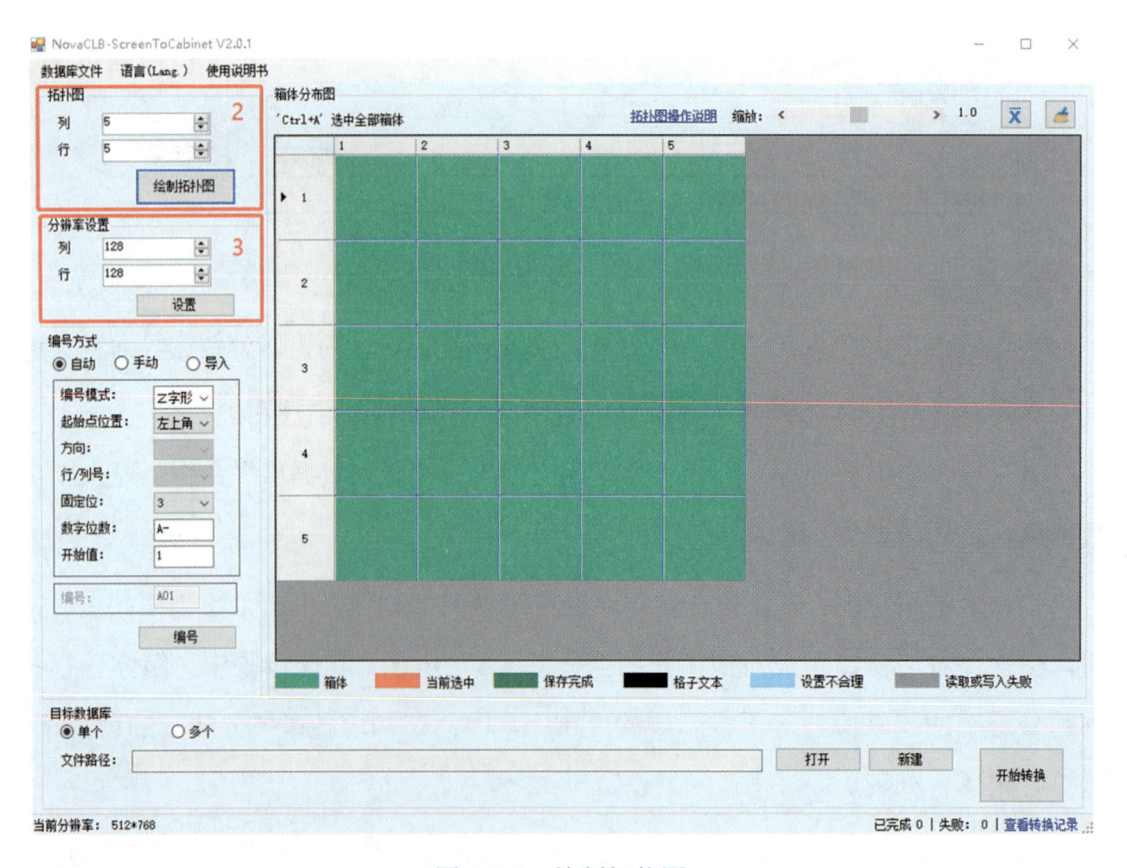

图 4-5-7　绘制拓扑图

## 小课堂

1. 箱体分辨率设置：各箱体可以有不同的分辨率，但是位于同一行的箱体，其分辨率行数必须相同；位于同一列的箱体，其分辨率列数必须相同。当分辨率设置不合理时，显示蓝色。

2. 箱体右键菜单说明：在箱体拓扑图上单击鼠标右键，可以看到右键菜单的两个选项："平均划分"和"清除设置"。平均划分是指将显示屏的分辨率平均划分到绘制的拓扑图上，各箱体的分辨率相同；清除设置是指清除拓扑图上设置的分辨率及箱体名称。

3. 箱体选中方式。

① 选中第一个箱体，按住鼠标左键，按照箭头方向拖动并框选，效果如图4-5-8（a）所示。

② 按下"Ctrl+A"组合键，选中全部箱体，效果如图4-5-8（b）所示。

③ 按下Ctrl键，可以进行多次选择，效果如图4-5-8（c）所示。

④ 选中一个箱体，作为起始，按下Shift键，再选中一个箱体作为结束，即可选中起始箱体到结束箱体之间的矩形区域，效果如图4-5-8（d）所示。

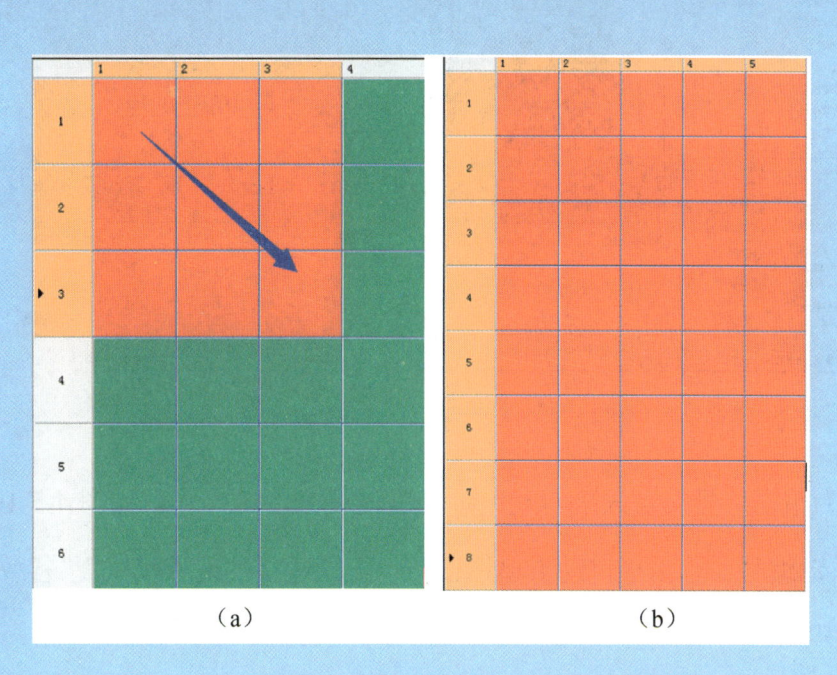

（a） （b）

图4-5-8 箱体选中方式

### LED 显示屏校正技术

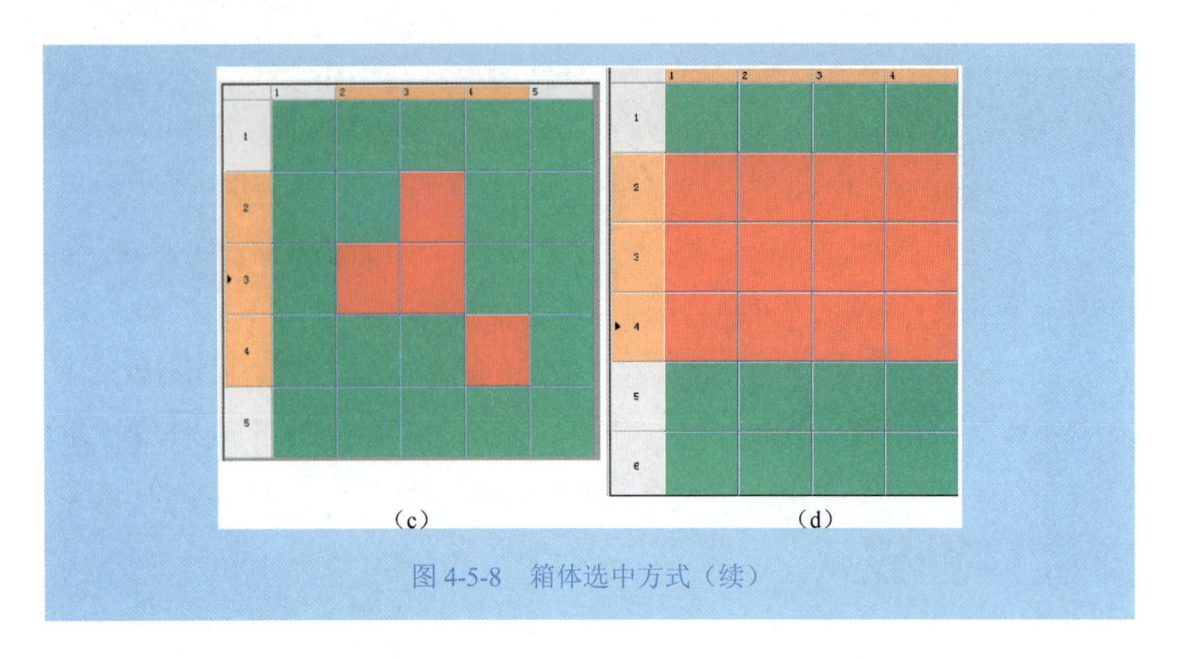

(c)                  (d)

图 4-5-8 　箱体选中方式（续）

（4）完成拓扑图分辨率设置，如图 4-5-9 所示。

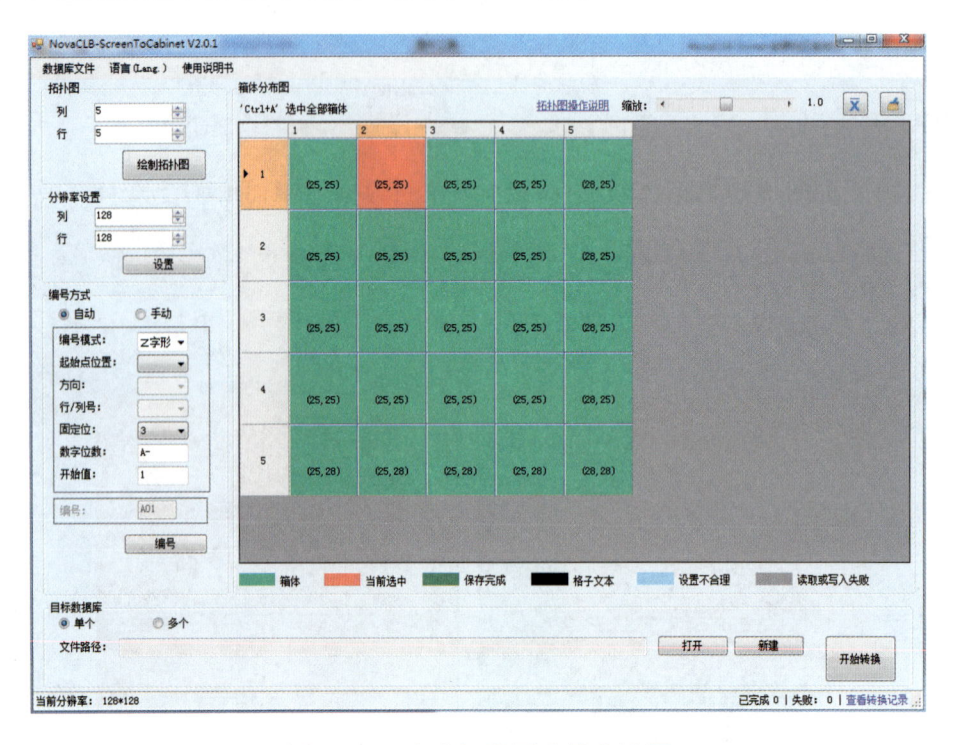

图 4-5-9 　完成拓扑图分辨率设置

（5）为箱体编号，可采用自动编号和手动编号两种方式，如图 4-5-10 所示。

① 自动编号：单击"自动"单选按钮，依次选择"编号模式""行/列号""数字位数"，设置"固定位""开始值"，然后单击"编号"按钮。

② 手动编号：每次都需要手动输入编号，如先输入编号"A01"，选中第一个箱体，单击"编号"按钮完成第一个箱体的编号；再输入编号"A02"，选中第二个箱体，单击"编号"按钮完成第二个箱体的编号。依次类推，完成所有箱体的编号。

(a)　　　　　　(b)

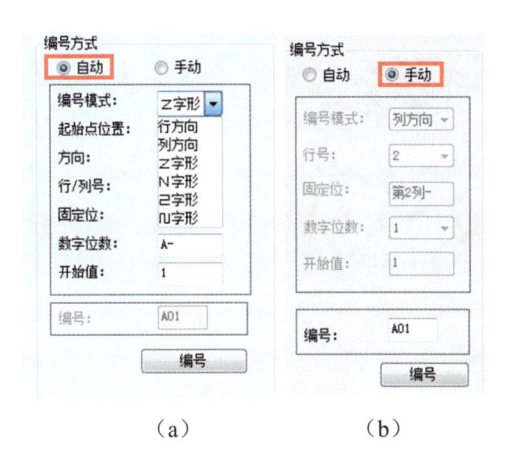

图 4-5-10　选择编号方式

（6）设置目标数据库，目标数据库可以是"单个"或"多个"。单个，即所有箱体或者灯板保存到一个数据库中，生成一个数据库。多个，即将每个箱体或者灯板保存到一个数据库中，生成多个数据库，且以箱体或灯板的编号命名。

（7）设置文件路径，如果保存为单个数据库，则分为两种情况：第一种情况是将箱体数据保存到现有的数据库中，只需要单击"打开"按钮，将现有的数据库打开即可；第二种情况是将箱体数据保存到新建的数据库中，单击"新建"按钮，在计算机的某个路径新建一个数据库，如图 4-5-11 所示。

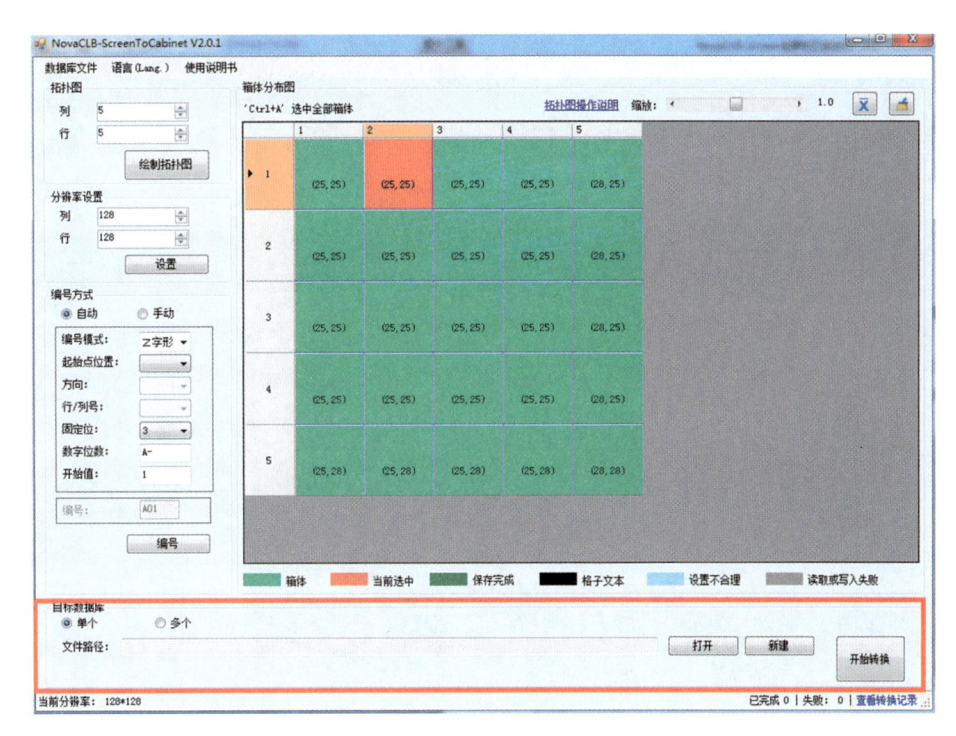

图 4-5-11　设置保存文件形式及路径

（8）转换。以上所有选项都设置完成后，选中要转换的箱体，然后单击"开始转换"按钮。完成后即可得到全屏中各个箱体单独的校正数据库。

### LED 显示屏校正技术

> **小课堂**
>
> 　　箱体转全屏软件的功能和全屏转箱体类似,只是将单个箱体的校正数据转换成全屏校正数据。其操作步骤和全屏转箱体类似,请参考 4.5.2 节中的相关步骤。

# 第 5 章

# 常见故障排除

## 5.1 全屏校正故障排除

### 5.1.1 数据分析不通过

解决方法如下。

- 查看是否有环境光干扰，确定无干扰的情况下重新采集分析。
- 查看相机镜头前是否有遮挡物，清理遮挡物后重新采集分析。
- 保证 LED 显示屏在相机视窗中占比为 4/5，并检查是否存在包边情况，之后重新采集分析。
- 查看屏体连接图是否正常，发送正确连接图后重新校正。
- 在饱和度分析阶段确保所有数值在正常范围内，并保证灯点清晰可被识别。

### 5.1.2 报错"死灯率过高"

解决方法如下。

- 检查屏体包边情况，正确设置包边。
- 检查相机镜头是否对准校正区域。
- 当实际死灯率确实过高时，可调高允许死灯率的数值。

### 5.1.3 校正后出现水波纹

故障说明如下。

- 全屏校正后，可能会出现某个颜色全屏呈现水波纹的情况，蓝色出现的频率最高。这多是由于全屏校正时，显示屏分辨率过大而相机分辨率相对不足，相机采样频率偏低造成的，即光学成像中经常出现的摩尔纹现象。

解决方法如下。

- 改变焦点，调节对焦环使饱和度分析中的成像大小正常。
- 改变相机角度，通过旋转相机对相机角度进行微调。
- 改变相机位置，通过左右上下移动相机改变相机与 LED 显示屏的角度。

- 调整镜头的焦长设定值。
- 设置合理的饱和度、成像面积值。

## 5.1.4 校正后花屏

故障说明如下。

- 校正后花屏是校正中经常遇到的故障现象，造成花屏的原因比较多，需要我们在整个校正过程中严格按照操作流程设置参数。
- 显卡输出分辨率与发送卡分辨率不一致，如图 5-1-1 所示，在发送卡界面可以查询当前显示模式中发送卡分辨率和显卡输出分辨率。两者分辨率不一致时会导致打屏映射区域不是实际的分辨率，从而导致点定位失败或校正系数错位，使 LED 显示屏最终出现花屏现象。

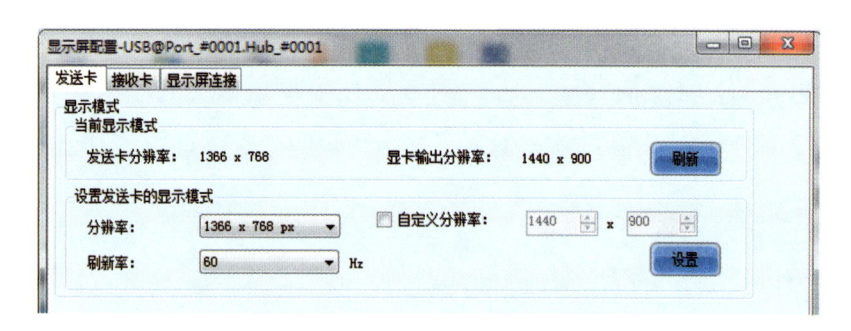

图 5-1-1　显卡输出分辨率与发送卡分辨率不一致

- 在使用的视频处理设备（VX 系列或 K 系列）开启缩放、拼接带载的情况下，校正画面不是点对点的显示效果，因此校正后的系数与实际像素不对应，从而导致花屏。
- 如果设备支持、时间充足，建议使用稳定上传模式。如果使用快速上传模式上传失败，可能会导致图像缺少、校正系数缺失等问题，最终出现花屏现象。
- 如果屏体画面做过旋转，没有取消旋转设置就直接进行了校正操作也会导致花屏。

解决方法如下。

- 在 NovaLCT 发送卡设置界面设置发送卡分辨率和显卡输出分辨率相同，同时在显卡设置界面确保显卡显示比例为 100%。
- 关闭缩放、拼接带载功能。
- 使用稳定上传模式。

# LED 显示屏校正技术

- 取消旋转设置后再进行校正。

## 5.1.5 联机提示"连接控制系统异常"

解决方法如下。

- 检查系统连接是否可靠，有无松动。
- 检查两台计算机的 IP 地址是否设置在同一网段。
- 检查两台计算机是否都关闭了防火墙和杀毒软件。

## 5.1.6 超大屏校正时打屏不同步

故障说明如下。

打屏不同步是指在超大屏校正过程中，在同一校正区域内部分发送卡带载区域已出现画面显示，而其他发送卡带载区域仍然黑屏的现象，即不同发送卡带载区域的打屏图像不一致。该现象将导致校正软件分析的图像点定位错误或缺失行列。

解决方法如下。

- 更换兼容性更好的 HDMI 分配器。
- 修改校正软件拍照延时的设置时间。在全屏软件安装目录\Bin\waitTime.txt 文件下，修改延时参数，单位为 ms，如图 5-1-2 所示（不需要重启软件）。
- 重启发送卡与接收卡。

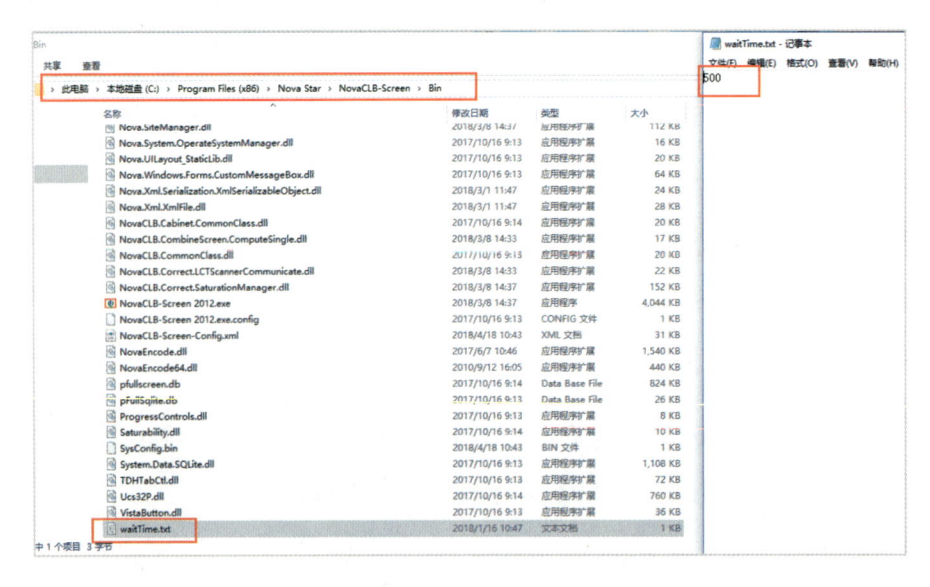

图 5-1-2　修改延时参数

## 5.1.7 组合屏校正时出现隔点图像不正确

解决方法如下。

在配置多屏管理时，屏体与屏体之间不要存在重叠或留有空隙。如图 5-1-3 所示，可以使用缩放功能放大后检查，确保屏体无缝连接。

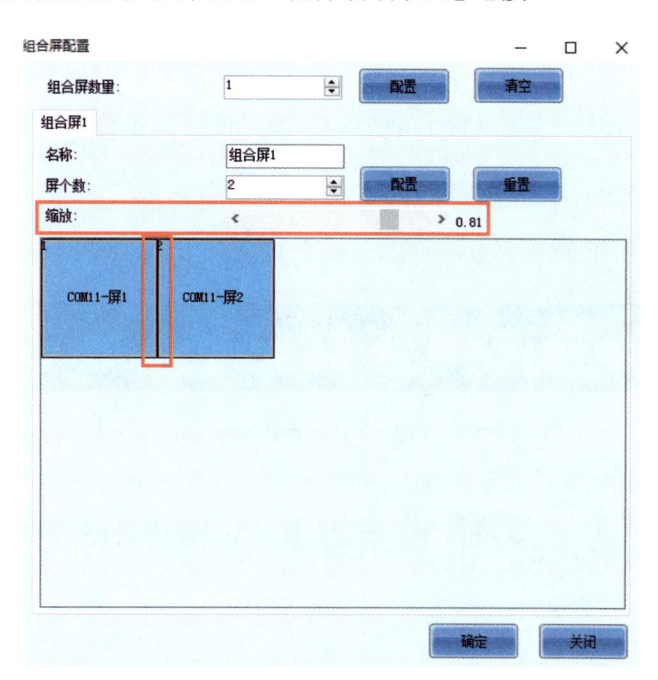

图 5-1-3 组合屏设置有空隙

## 5.1.8 相机采集图片为黑色

解决方法如下。

可能是硬件下发打屏图像时存在延时误差，导致完成整体分区的打屏时间变长，此时应修改校正软件的拍照延时设定时间。

---

**小课堂**

延时值大小的设定依据

数码相机：在听到相机拍照声音时，LED 显示屏的校正分区是点亮且完整的。

科学级相机：相机背面有拍照指示灯，指示灯闪烁的瞬间表示拍照瞬间。需要保证指示灯闪烁时，校正分区是点亮且完整的。

数码相机拍照时间和科学级相机绿色指示灯闪烁时间，应当为最小的拍照延时设定时间。

### 5.1.9 校正软件卡顿或控制软件出现命令发送失效

故障说明如下。

校正过程停滞一段时间后，再次操作校正软件或控制软件时，有可能出现校正软件卡顿、控制软件命令发送失效等问题。

解决方法如下。

控制软件 NovaLCT 默认启动后禁用服务，即软件关闭了自动重新连接服务功能。当校正过程停滞时，控制系统处于假连接状态。此时在 Windows 系统桌面右下角单击图 5-1-4 中红框标注的图标，选择"ReStart"功能，重启软件服务。

图 5-1-4　重启 NovaLCT 服务软件标识

### 5.1.10 校正时 LED 显示屏进入锁屏状态

故障说明如下。

校正软件和控制软件 NovaLCT 在连接状态下，选中分区时，插拔发送卡网线或串口线，会导致 LED 显示屏进入锁屏状态。

解决方法如下。

- 在插拔发送卡网线或串口线之前，让 LED 显示屏处于屏体解锁状态。
- 解锁 LED 显示屏有两种方法：一种方法是勾选校正软件右侧窗体拓扑图下方的"选中全屏"复选框；另一种方法是打开 NovaLCT 主界面上的"画面控制"菜单项，单击"正常显示"按钮。

### 5.1.11 多发送卡校正后发送卡间效果差异大

解决方法如下。

- 校正多台控制器带载的 LED 显示屏时，不同屏幕校正时相机参数不能改变。
- 确保校正过程中相机位置不移动。

- 确保所有接收卡的程序必须保持一致。
- 确保所有发送卡的 Gamma 值必须保持一致。

## 5.2 箱体校正故障排除

### 5.2.1 校正软件提示"点定位错误"

解决方法如下。

- 检查相机是否晃动,固定相机位置。
- 更改"校正参数"中的"逐点识别方向"。如果使用最新版本校正软件 NovaCLB-Screen(V5.1.1 以上版本),则无须手动修改"逐点识别方向",软件会自动识别。
- 检查箱体四个角是否全为死灯,若全为死灯,则需将屏体类型设置为"异形屏"。
- 调高"允许的死灯比例"数值。

### 5.2.2 校正软件提示"图像数据颜色错误"

解决方法如下。

- 检查屏体是否过暗或相机拍摄时显示屏上的颜色是否错误。
- 检查是否有环境光干扰。
- 重新连接相机后再进行校正。

### 5.2.3 校正软件提示"相机未连接"

解决方法如下。

- 检查相机与控制计算机的连接线。
- 检查相机电量。

### 5.2.4 校正软件提示"异常错误"

解决方法如下。

- 检查箱体分辨率是否过大，数码相机单次采集支持的最大分辨率为 224 像素×150 像素。
- 尝试重启校正软件、重连相机、重启计算机。

### 5.2.5 校正软件提示"箱体摆歪"

解决方法如下。

在箱体模块化严重的情况下，校正软件有可能把没摆歪的箱体误判成"箱体摆歪"，在确认箱体未摆歪的情况下选择强制校正即可。

### 5.2.6 箱体校正后拼成整屏，均匀性较差

解决方法如下。

箱体校正要求箱体校正前在一定的角度范围内均匀性一致，某些直插灯箱体存在角度上的工艺问题，表现为校正前不同角度屏体均匀性差异大。箱体校正解决不了箱体的角度工艺问题，建议将这些箱体拼成整屏，再使用全屏校正软件进行校正。

## 5.3 网络通信故障

网络通信故障一般指在控制软件 NovaLCT 端出现的通信故障，常见的有 NovaLCT 连接失败和 NovaLCT 与硬件操作失败两种。

### 5.3.1 NovaLCT 连接失败

故障说明如下。

- NovaLCT 连接失败提示界面如图 5-3-1 所示。

解决方法如下。

- 检查校正软件所在计算机与控制软件 NovaLCT 所在计算机的网络是否正常连通（使用网线或无线路由连接，并处于同一网段），物理连接是否稳定可靠。

图 5-3-1　NovaLCT 连接失败提示界面

- 检查校正软件端的"NovaLCT IP"与 NovaLCT 端的"本机 IP"是否一致。

- 打开控制软件 NovaLCT 中"校正"页面的"重新监听"功能，查看下方信息栏是否显示"启动网络监听成功"；若未显示，则重新检查校正软件与控制软件之间的通信连接。

- 如果问题仍未解决，尝试重新启动控制软件 NovaLCT。

### 5.3.2　NovaLCT 与硬件操作失败

故障说明如下。

NovaLCT 与硬件操作失败界面如图 5-3-2 所示。

解决方法如下。

- 关闭"校正"页面，查看控制软件 NovaLCT 主界面上方是否出现"未检测到发送卡"字样，并重新连接硬件，未检测到发送卡提示如图 5-3-3 所示。

- 查看校正软件与控制软件之间的通信网络是否稳定，手动重新插拔 USB 数据线。

图 5-3-2　NovaLCT 与硬件操作失败界面

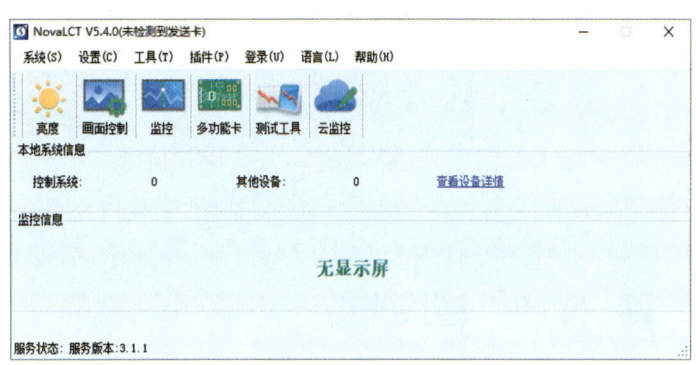

图 5-3-3　未检测到发送卡提示

LED 显示屏校正技术

## 5.4 相机故障

### 5.4.1 校正过程中提示图像分析亮度错误

解决方法如下。

- 重新启动校正流程，校正软件会对图像分析进行降速处理从而减少内存占用。
- 在设置界面将"屏体类型"设置为"常规屏"并保存，重新启动校正，如图 5-4-1 所示。
- 按照提示信息，重连相机后再重新启动校正。

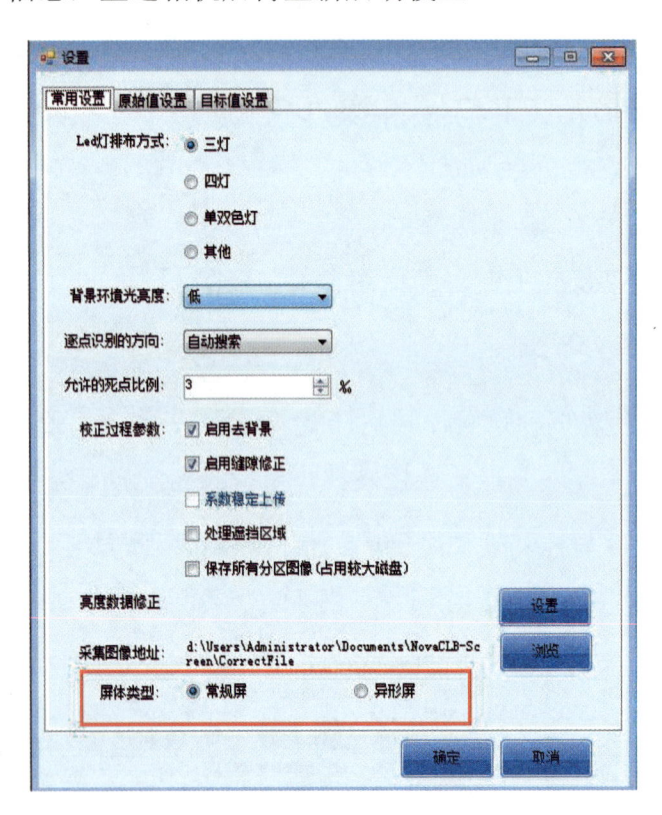

图 5-4-1　常规屏设置

### 5.4.2 连接失败

故障说明如下。

相机参数设置失败界面如图 5-4-2 所示。

图 5-4-2　相机参数设置失败界面

解决方法如下。

- 查看相机是否正常连接至校正软件所在的计算机，如果已正常连接，可在计算机的"设备管理器"→"图像处理设备"中查看相机设备，如图 5-4-3 所示。
- 确保校正计算机上的其他软件没有占用相机端口，若有，则需关闭相关软件。

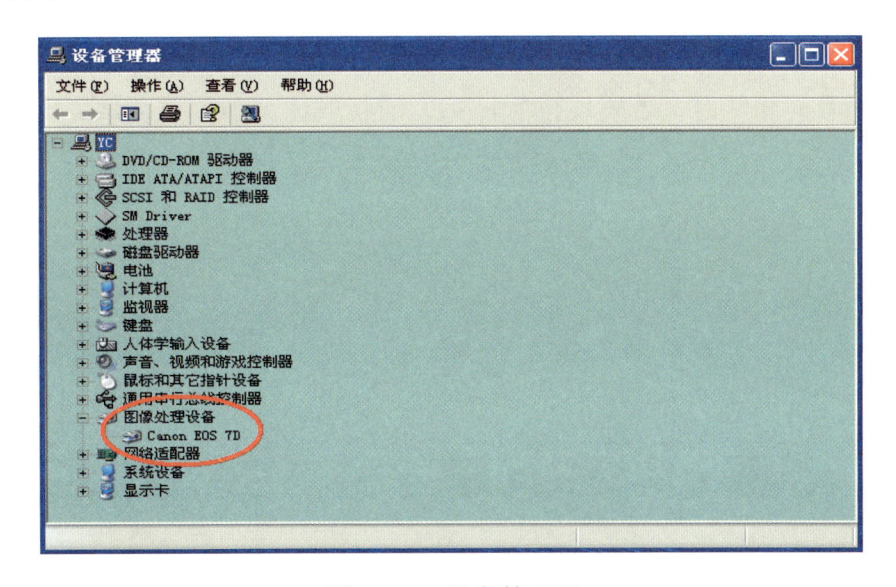

图 5-4-3　设备管理器

- 确认相机电源开关是否打开。
- 确认相机电池是否供电，在相机电池电量极低时（在相机端可观察到电池图标在跳动）也可能出现该错误提示，若有，则更换电池。
- 重新连接相机，软件正常获取光圈值后再进行设置。

### 5.4.3　智能识别 LED 显示屏失败

解决方法如下。

- 将相机对准校正区域。

- 避免环境光影响。
- 相机对焦在校正区域。
- 设置点对点,将发送卡分辨率和显卡输出分辨率参数设为一致。
- 调高"允许死灯率"的数值。
- 在手动辅助点定位界面,手动更改点定位方向或重新采集。

### 5.4.4 相机参数分析后饱和度正常,但成像大小异常

故障说明如下。

全屏校正软件 NovaCLB-Screen V5.1 以上版本集成了新饱和度算法,对不合理的成像大小做了限制,以保证最终的校正效果。

解决方法如下。

- 使用数码相机时,若发现按照提示无法将成像大小调至正常,可尝试手动调节相机参数,进行饱和度数据的调整。
- 使用科学级相机时,若发现按照提示无法将成像大小调至正常,除调节相机参数外,也可尝试通过调整光圈进行分析。

## 5.5 系数上传相关问题

### 5.5.1 校正后 LED 显示屏花屏,校正系数上传失败

故障说明如下。

校正后 LED 显示屏花屏如图 5-5-1 所示,校正系数上传失败后的屏体现象如图 5-5-2 所示。

解决方法如下。

- 在控制软件 NovaLCT 中更改校正系数延迟时间。
- 将控制软件 NovaLCT 安装在目录\Bin\NovaLCT.exe.config 文件下,修改延迟时间参数,单位为 ms,修改完成后重启软件。软件修改延时参数位置示意如图 5-5-3 所示。

第 5 章　常见故障排除

图 5-5-1　校正后 LED 显示屏花屏　　图 5-5-2　校正系数上传失败后的屏体现象

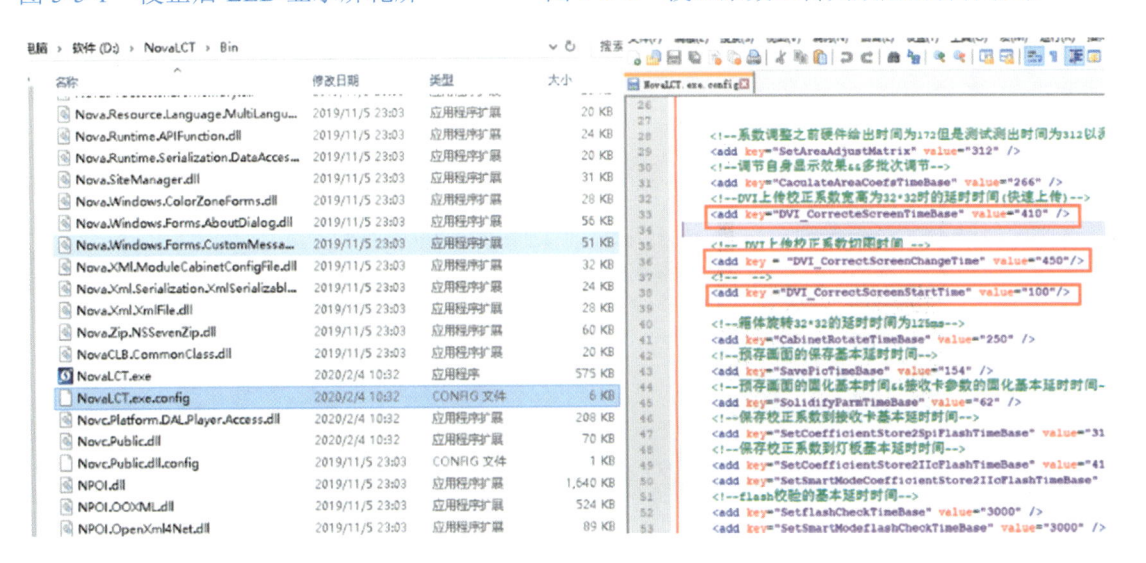

图 5-5-3　软件修改延时参数位置示意

- 校正完成后查看点定位图片，确保图像点定位正确，然后使用控制软件 NovaLCT 上传校正系数。

> **小课堂**
>
> DVI_CorrectScreenStartTime：快速上传校正系数前，开始打第一张图片前的等待时间。
>
> DVI_CorrectScreenChangeTime：PC 端打出一张图片后与交给接收卡处理的间隔时间，这个时间是为了保证这张图片打图渲染完成。
>
> DVI_CorrectScreenTimeBase：从接收卡开始处理数据到打下一张图片的等待时间，这个时间是为了保证接收卡对上一张图片处理完成。

LED 显示屏校正技术

## 5.5.2 系数上传失败

解决方法如下。

- 关闭控制软件 NovaLCT 的监控，在计算机桌面下方任务栏，选中 MonitorSite 监控软件图标，右击打开快捷菜单，选择"退出"命令，关闭软件监控功能，如图 5-5-4 所示。

- 禁用控制软件 NovaLCT 服务，在计算机桌面下方任务栏登录 Mars Sever Provider 软件，打开"Detect Config"窗口，取消勾选"Auto detect controller"复选框，如图 5-5-5 所示。

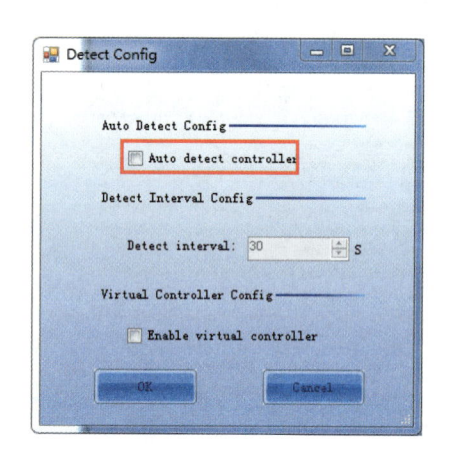

图 5-5-4　退出 NovaLCT 监控　　　图 5-5-5　禁用 NovaLCT 服务

- 超大屏校正时，勾选控制软件 NovaLCT 显示屏校正界面的"启用信号源打屏"复选框，如图 5-5-6 所示。

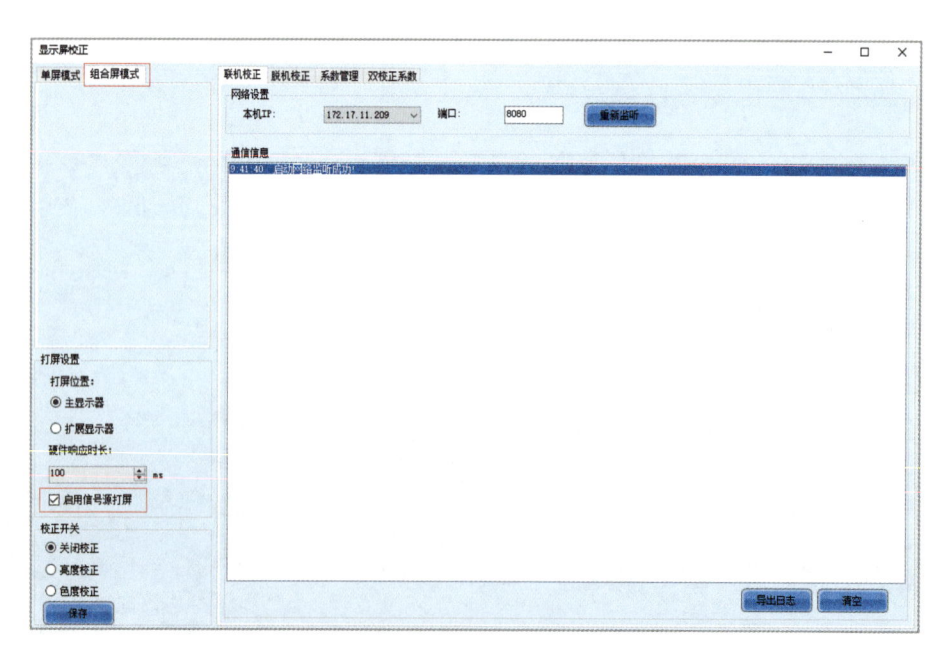

图 5-5-6　启用信号源打屏功能

## 5.6 其他

### 5.6.1 校正软件提示内存错误

解决方法如下。

- 将放在 C 盘或桌面的校正软件和校正数据库移至系统其他存储空间。

### 5.6.2 校正软件提示无授权文件

解决方案如下。

- 加载正确授权文件。
- 打开文件所在位置，直接将授权文件拖到文件夹下。
- 删除原有加密狗文件后，重新载入正确加密狗文件。

# 反侵权盗版声明

电子工业出版社依法对本作品享有专有出版权。任何未经权利人书面许可，复制、销售或通过信息网络传播本作品的行为；歪曲、篡改、剽窃本作品的行为，均违反《中华人民共和国著作权法》，其行为人应承担相应的民事责任和行政责任，构成犯罪的，将被依法追究刑事责任。

为了维护市场秩序，保护权利人的合法权益，我社将依法查处和打击侵权盗版的单位和个人。欢迎社会各界人士积极举报侵权盗版行为，本社将奖励举报有功人员，并保证举报人的信息不被泄露。

举报电话：（010）88254396；（010）88258888
传　　真：（010）88254397
E-mail：　dbqq@phei.com.cn
通信地址：北京市万寿路 173 信箱
　　　　　电子工业出版社总编办公室
邮　　编：100036